建筑CAD

JIANZHU CAD

主　编/汪耀武　易从艳　庞俊勇
副主编/李瑶鹤　饶趁明　卢富民
主　审/曾学礼

合肥工業大學出版社

图书在版编目(CIP)数据

建筑CAD/汪耀武,易从艳,庞俊勇主编.—合肥:合肥工业大学出版社,2018.7(2021.10重印)

ISBN 978-7-5650-4057-3

Ⅰ.①建… Ⅱ.①汪…②易…③庞… Ⅲ.①建筑设计—计算机辅助设计—AutoCAD软件—高等职业教育—教材 Ⅳ.①TU201.4

中国版本图书馆CIP数据核字(2018)第148354号

建筑CAD

汪耀武　易从艳　庞俊勇　主编　　　　责任编辑　张择瑞

出　版	合肥工业大学出版社	版　次	2018年7月第1版
地　址	合肥市屯溪路193号	印　次	2021年10月第2次印刷
邮　编	230009	开　本	787毫米×1092毫米　1/16
电　话	理工图书出版中心:0551-62903204	印　张	12
	市场营销中心:0551-62903198	字　数	280千字
网　址	www.hfutpress.com.cn	印　刷	安徽联众印刷有限公司
E-mail	hfutpress@163.com	发　行	全国新华书店

ISBN 978-7-5650-4057-3　　　　定价:36.00元

如果有影响阅读的印装质量问题,请与出版社市场营销中心联系调换。

内 容 提 要

本书为普通高等教育“十三五”国家级规划教材。

本书以某居民楼的建筑施工图为载体，详细介绍了建筑平面图、立面图、剖面图和详图的绘制命令和技巧，以及 AutoCAD 的出图方法和天正软件的使用方法等。编者结合多年的教学经验，以“规范、易学、实用”为原则，将 AutoCAD 的基本命令融入实际案例中进行讲解，并且所有命令均要求使用快捷键进行输入，绘图过程紧扣最新制图标准，从而让读者能循序渐进地熟练掌握 AutoCAD 的标准绘图方法和技巧。

本书适合高职高专建筑类专业学生使用，也可作为教师和相关企业科技人员的参考书及培训用书。特别是对于希望快速掌握 AutoCAD 软件的入门者，本书是一本不可多得的学习资料。

前　言

本书是一本全面介绍建筑工程领域计算机辅助设计(CAD)的教材，是编者多年教学经验的总结与升华。传统教材往往存在绘图过程不规范、实例少命令难记、没有突出快捷键输入命令等问题，读者在学习过程中则感觉枯燥乏味，学习积极性不高，并且缺乏正确的绘图方法和绘图习惯。针对这些问题，编者紧密结合现行最新制图标准，同时结合工程图实例进行命令讲解，以体现“规范、易学、实用”的原则。

本书在编写过程中力求突出以下几个方面的特色：其一，项目化和任务驱动法教学，注重实践能力培养。根据工作过程精心选取教学任务，让读者在完成任务的过程中轻松掌握知识，真正实现“教学做合一”，构建了以完成工作任务目标、突出技能培养为主线的知识体系结构。其二，工程图实例选用适宜，由浅入深，绘图步骤讲解详细。在每个项目内容介绍中，都穿插了很多工程实际图样，编者对工程图实例的操作都经过上机验证，列出了具体的操作步骤。其三，绘图要求规范化，并且培养读者利用快捷键输入命令的良好习惯。绘图过程全部严格按照最新设计规范及制图标准执行，命令输入时一般只提供快捷键，让读者从一开始就养成良好的绘图习惯，以提高绘图速度。

本书由咸宁职业技术学院汪耀武、易从艳、庞俊勇担任主编，咸宁职业技术学院李瑶鹤、饶趁明，广东博意建筑设计院有限公司武汉分公司卢富民担任副主编。具体编写分工为：项目一、项目二和项目三由汪耀武编写，项目四、项目五和项目六由易从艳编写，项目七和项目八由庞俊勇编写，最后由汪耀武统稿，李瑶鹤、饶趁明参与校核修订工作，卢富民提供部分工程图纸并给予指导。全书由咸宁职业技术学院曾学礼审核。对在编写过程中给予大力支持和帮助的各位同仁还有参考文献的作者们一并表示衷心的感谢！本书可作为高职高专建筑工程技术、工程造价和建设工程管理等专业建筑 CAD 课程的教材，也可作为相关工程技术人员学习 AutoCAD 的参考教程。

由于编者水平有限，书中如有不足之处敬请广大读者批评指正，以便修订时改进。如读者在使用本书的过程中有其他意见或建议，恳请联系编者。

联系 E-mail：xnwangyaowu@qq. com。

编　者
2018 年 6 月

前言

目　　录

项目一 AutoCAD使用入门

学习目标

知识目标

- 了解 AutoCAD 的发展历程
- 了解 AutoCAD 2007 的用户界面
- 掌握观察图形的方法

能力目标

- 能操作 AutoCAD 2007 的用户界面
- 能进行图形的观察

任务一 认识 AutoCAD

一、CAD 技术

CAD(Computer Aided Design,计算机辅助设计)是指利用计算机在各类工程设计中进行辅助设计的技术总称,而不仅仅指某个软件。CAD 诞生于二十世纪六十年代,是美国麻省理工学院提出的交互式图形学的研究计划,由于当时硬件设施昂贵,只有美国通用汽车公司和美国波音航空公司使用自行开发的交互式绘图系统。二十世纪七十年代,小型计算机费用下降,美国工业界才开始广泛使用交互式绘图系统。二十世纪八十年代,由于 PC 机的应用,CAD 得以迅速发展,出现了专门从事 CAD 系统开发的公司。当时 VersaCAD 是专业的 CAD 制作公司,所开发的 CAD 软件功能强大,但由于其价格昂贵,故没有得到普遍应用。而当时的美国 Autodesk 公司是一个仅有员工数人的小公司,其开发的 CAD 系统虽然功能有限,但因其可免费拷贝,故在社会得以广泛应用。同时,由于该系统的开放性,该 CAD 软件升级迅速。

中国 CAD 技术起源于国外 CAD 平台技术基础上的二次开发,随着中国企业对 CAD 应用需求的提升,国内众多 CAD 技术开发商纷纷通过开发基于国外平台软件的二次开发产品让国内企业真正普及 CAD,并逐渐涌现出一批优秀的 CAD 开发商。

在二次开发的基础上,部分顶尖的国内 CAD 开发商也逐渐探索出适合中国发展和需求模式的 CAD,更加符合国内企业使用的 CAD 产品,他们的目的是开发最好的 CAD,甚至是为全球提供最优的 CAD 技术。

目前，国内 CAD 主要分成如下三类：

第一类，自成体系、特点鲜明的国产 CAD，这类 CAD 的代表包括 CAXA、开目 CAD 等。

第二类，在 AutoCAD 上的二次开发 CAD，这类 CAD 的代表包括天河 CAD、InteCAD 等。

第三类，与 AutoCAD 功能和操作方式大体一致的 CAD，这类 CAD 的代表包括中望 CAD、尧创 CAD、浩辰 CAD 等。

二、AutoCAD 软件

AutoCAD 软件是美国 Autodesk 公司推出的通用计算机辅助设计和绘图软件包，由于 AutoCAD 具有易学易用、功能完善、结构开放等特点，因此已经成为目前最流行的计算机辅助设计软件。它集二维、三维交互绘图功能于一体，目前已成功应用于建筑、机械、电子、航天和冶金等各个领域。自 1982 年 11 月的 AutoCAD V1.0 版本起，AutoCAD 基本上每年都会推出新的升级版本。其中 1992 年 6 月推出的 R12.0 以前都是 DOS 版，从 R12.0 开始增加了 Windows 版，以适应 Windows 操作系统，R14.0 以后的版本取消了 DOS 版，并且其内容越来越丰富，功能越来越强大，操作也越来越方便。

最初的 AutoCAD 软件在功能和操作上都有很多不尽如人意的地方，因此它的出现并没有引起业界的广泛关注。尽管 AutoCAD V1.0 载体为一张 360kB 的软盘，无菜单，命令需要识记，其执行方式类似 DOS 命令。但它的推出却是计算机辅助设计的一个里程碑。由于 AutoCAD 2008 及以后更新版本对计算机的操作系统要求较高，目前大多数用户使用的是 AutoCAD 2007 或 AutoCAD 2004，所以这里介绍较高的 AutoCAD 2007 版本使用教程。介绍时尽可能要求使用快捷键来进行操作，亦可打破不同版本使用限制。

任务二　AutoCAD 基础知识

一、AutoCAD 2007 的用户界面

AutoCAD 2007 的用户界面是 Windows 系统的标准工作界面，包括标题栏、菜单栏、工具栏、命令行、状态栏等元素，如图 1－1 所示。

(一)标题栏

AutoCAD 2007 的标题栏是 AutoCAD 2007 应用窗口最上方的蓝色条，用于显示软件的名称和当前操作的图形名称。

(二)菜单栏

AutoCAD 2007 的菜单栏是 Windows 应用程序标准的菜单栏形式，包括【文件】、【编

图 1－1　AutoCAD 2007 的用户界面

辑】、【视图】、【插入】、【格式】、【工具】、【绘图】、【标注】、【修改】、【窗口】和【帮助】这 11 项菜单。

（三）工具栏

工具栏包含的图标代表用于启动命令的工具按钮，这种形象又直观的图标形式，能方便初学者记住复杂繁多的命令。通过单击工具栏上相应的图标启动命令是初学者常用的方法之一。但是，后期对命令熟练之后就应该全部使用快捷键进行操作，这样能大大提高绘图速度。一般情况下，AutoCAD 2007 的用户界面显示的工具栏有标准工具栏、绘图工具栏、修改工具栏、图层工具栏等。

（四）命令行

命令行是绘图窗口下端的文本窗口，它的作用主要有两个：一是显示命令的步骤，它像指挥官一样指挥用户下一步该干什么，所以在刚开始学习 AutoCAD 时，就要养成看命令行的习惯；二是可以通过命令行的滚动条查询命令的历史记录。为了更好地帮助用户查找更多的信息，可以按 F2 键激活命令文本窗口，可以更方便查询命令的历史记录。再次按 F2 键，命令文本窗口即可消失。

（五）状态栏

状态栏位于 AutoCAD 2007 窗口的最下端。在状态栏的左边，显示当前鼠标指针所处位置的坐标值。在默认状态下，状态栏上显示的是绝对坐标。在状态栏的中间，显示【正交】、【极轴】、【对象捕捉】、【对象追踪】等非常重要的作图辅助工具的开关按钮。

【小贴士】 作图辅助工具开关按钮凹进去为打开状态，凸出来则为关闭状态，就像室内墙壁上安装的电灯开关一样，按一下打开，再按一下则关闭。

二、AutoCAD 2007 的基本操作

(一)基本输入操作

1. 命令的输入方式

下面以绘制圆为例介绍命令的输入方式,主要有以下三种方法。

(1)单击工具栏上的图标启动命令

对于新手来说,这是最常用的一种方法。绘制圆时,单击【绘图】工具栏上的图标即可启动【圆】命令。

(2)通过菜单启动命令

选择菜单栏中的【绘图】—【圆】命令来启动绘制圆命令。

(3)在命令行输入快捷启动命令

在命令行输入“C”后按 Enter 键即可启动绘制圆命令。常用命令的快捷键见附录 1。

【小贴士】 在命令行输入快捷命令时应启用英文输入法,输入的英文字母不区分大小写。除了在文字输入状态下,一般情况下按空格键与按 Enter 键的作用相同。

2. 命令的撤销与重复

(1)命令的撤销

在进行命令输入时,按 Esc 键可中断正在执行的命令。

(2)命令的重复

在命令行为空的状态下,按 Enter 键或空格键会自动重复执行刚刚使用过的命令。

(二)图形观察方法

在绘制图形的过程中经常会用到视图的缩放、平移等控制图形显示的操作,以便更方便、更准确地绘制图形。AutoCAD 2007 提供了很多观察图形的方法,这里只介绍最常用的几种。

1. 平移

使用【实时平移】命令相当于用手将桌子上的图纸上下左右来回挪动。单击标准工具栏上的【实时平移】图标或在命令行输入“P”后按空格键,这时光标变成“手”的形状,按住鼠标左键并拖动光标即可上下左右随意挪动视图。最常用的方法是直接按住鼠标中键,即可实现平移。

2. 范围缩放

使用【范围缩放】命令可以将图形文件中所有的图形居中并占满整个屏幕。在命令行输入“Z”后按空格键,然后输入“E”后按空格键,或者单击标准工具栏上的【范围缩放】图标,即可执行【范围缩放】命令,此时会发现整个图形居中并占满整个屏幕。最方便的是直接双击鼠标中键,也可以实现同样的效果。

3. 实时缩放

使用【实时缩放】命令可以将图形任意地放大或缩小。单击标准工具栏上的【实时缩放】图标,这时光标变成“放大镜”的形状,按住鼠标左键将鼠标向前推则图形变大;向后拉则图形变小。最常用的方法是上下滚动鼠标的中键则执行【实时缩放】命令。

【小贴士】 图形放大或缩小并不是将图形的尺寸放大或缩小了,而是类似于近大远小的原理,图形变大是将图纸移得离眼睛近了,图形变小则是将图纸移得离眼睛远了。

4. 重生成

绘图进行一段时间后,绘图区域的某些弧线和曲线会以折线的形式显示,这时就需要执行菜单栏中的【视图】—【重生成】命令或在命令行输入“RE”后按空格键,重新生成图形,并重新计算所有对象的屏幕坐标,使弧线和曲线变得光滑。进行图形打印前,如果看到屏幕上图形的弧线和曲线以折线的形式显示,最好先执行【重生成】命令,然后再进行打印。

本项目小结

本项目内容是 AutoCAD 最基本的知识和技巧。首先讲解了 CAD 技术和 AutoCAD 软件,然后介绍了 AutoCAD 2007 用户界面的组成及工具栏、菜单栏、状态栏等的使用方法和一些基本操作等。为便于以后的学习,要求读者熟悉图 1-1 中所标出的工具栏、菜单栏、状态栏等的名称。

在绘图过程中,由于屏幕尺寸的限制,图形当前的显示可能不符合绘图需要,所以在本项目还介绍了如何控制图形的显示状态。读者应反复练习,必须熟练掌握【平移】、【范围缩放】、【实时缩放】和【重生成】4 种基本的控制图形显示状态的方法。

同步测试

一、单选题

1. 一般情况下按空格键与按 Enter 键的作用(　　)。
   A. 相同　　B. 相反　　C. 不相同　　D. 差不多
2. 按(　　)键可中断正在执行的命令。
   A. Shift　　B. Esc　　C. Ctrl　　D. Alt
3. 使用(　　)命令可以将图形文件中所有的图形居中并占满整个屏幕。
   A. 实时缩放　　B. 平移　　C. 范围缩放　　D. 重生成
4. 按住鼠标的(　　),指针会变成“手”的形状,执行【平移】命令。
   A. 左键　　B. 中键　　C. 右键　　D. 左键和中键

5. 滚动鼠标中键执行的是(　　)命令。

A. 实时缩放　　B. 平移　　C. 范围缩放　　D. 重生成

二、问答题

1. 指出 AutoCAD 2007 用户界面的标题栏、菜单栏、工具栏、命令行和状态栏。
2. 命令行有什么作用?
3. 利用观察图形命令去观察图形,图形的尺寸是否真的放大或缩小了?
4. 绘图进行一段时间后,绘图区域的某些弧线和曲线会显示成折线,如何处理?

项目二　二维图形的绘制与编辑

学习目标

知识目标

- 掌握 AutoCAD 常用基本命令的用法
- 学会分析和选择二维图形绘制方法
- 掌握 AutoCAD 绘图技巧

能力目标

- 能运用 AutoCAD 常用基本命令绘图
- 能选择合适方法进行二维图形绘制

任务一　基础立面图的绘制

一、任务布置

运用直线命令和相对直角坐标(相对极坐标)绘制图 2－1 所示的基础立面图。

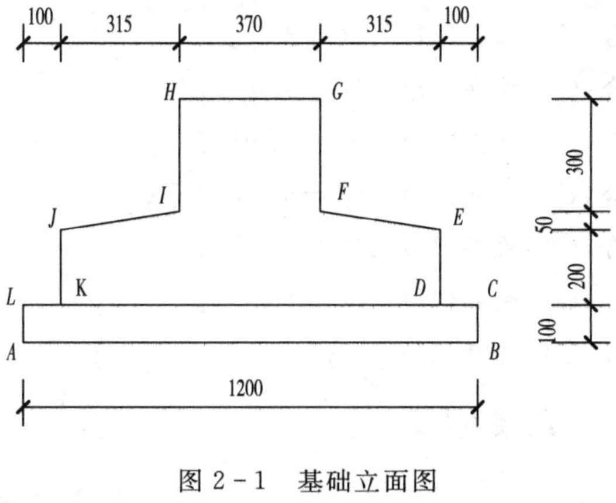

图 2－1　基础立面图

二、相关知识

相对坐标表示的是一个相对位置，相对于不同的对象，同一个点的坐标值也不同。它分为相对直角坐标和相对极坐标。

1. 相对直角坐标

相对直角坐标的输入方法是以某点为参考点，然后输入相对位移坐标的值来确定点的位置，与坐标原点无关，可以将它看作是始终将上一个点当作坐标原点。

在直角坐标系中，输入相对坐标值时必须先输入“@”符号，然后输入相对上一个点的 X、Y 轴方向坐标偏移值，偏移值正负取值与坐标轴方向一致。“@”字符表示当前为相对坐标输入，如输入“@20,15”表示输入的点相对于前一点在 X 轴上向右移动 20 个单位，在 Y 轴上向上移动 15 个单位。

2. 相对极坐标

相对极坐标是指定点距前一点之间的距离(极径)和角度(极角)。在极坐标值前要加上“@”符号。在这种输入方式中，位移值是相对于前一点的，由于单点没有方向性，所以角度值是绝对的。如要指定相对于前一点距离(极径)为 20，角度(极角)为 30°的点，则应输入“@20＜30”或“@20＜－330”。

三、绘制步骤(相对直角坐标法)

以 A 为起点开始绘制，输入【直线】命令 L↙

指定第一点：任意指定

指定下一点或[放弃(U)]：@1200,0↙

指定下一点或[放弃(U)]：@0,100↙

指定下一点或[闭合(C)/放弃(U)]：@－100,0↙

指定下一点或[闭合(C)/放弃(U)]：@0,200↙

指定下一点或[闭合(C)/放弃(U)]：@－315,50↙

指定下一点或[闭合(C)/放弃(U)]：@0,300↙

指定下一点或[闭合(C)/放弃(U)]：@－370,0↙

指定下一点或[闭合(C)/放弃(U)]：@0,－300↙

指定下一点或[闭合(C)/放弃(U)]：@－315,－50↙

指定下一点或[闭合(C)/放弃(U)]：@0,－200↙

指定下一点或[闭合(C)/放弃(U)]：@－100,0↙

指定下一点或[闭合(C)/放弃(U)]：C↙

输入【直线】命令 L↙，连接 KD。

任务二　指北针的绘制

一、任务布置

运用圆、多段线命令绘制图 2－2 所示的指北针。

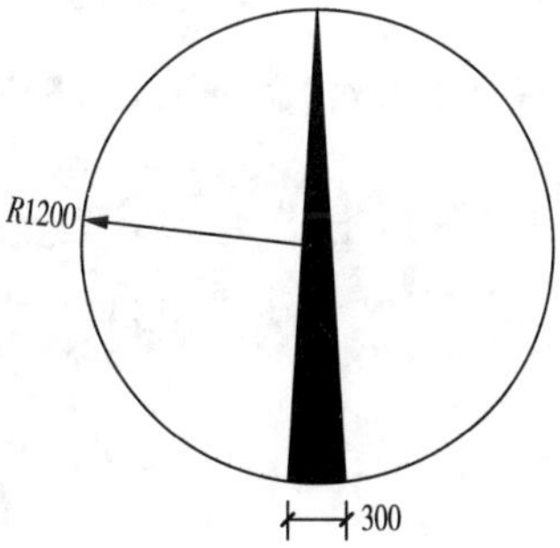

图 2－2　指北针

二、绘制步骤

输入【圆】命令 C↙

指定圆的圆心或[三点(3P)/两点(2P)/相切、相切、半径(T)]:任意指定

指定圆的半径或[直径(D)]:1200↙

输入构造线命令 XL↙,绘制辅助线

指定点或[水平(H)/垂直(V)/角度(A)/二等分(B)/偏移(O)]:V↙

指定通过点:捕捉圆心

【小贴士】　捕捉圆心之前必须打开【对象捕捉】,并且在对象捕捉模式里面选中"圆心"(图 2－3)。如果发现选中后还捕捉不到圆心,可以用鼠标触碰一下圆边线,圆心即可显示。同时要特别注意:对象捕捉只有在执行某个具体命令的时候才能生效。绘制好的构造线如图 2－4 所示。

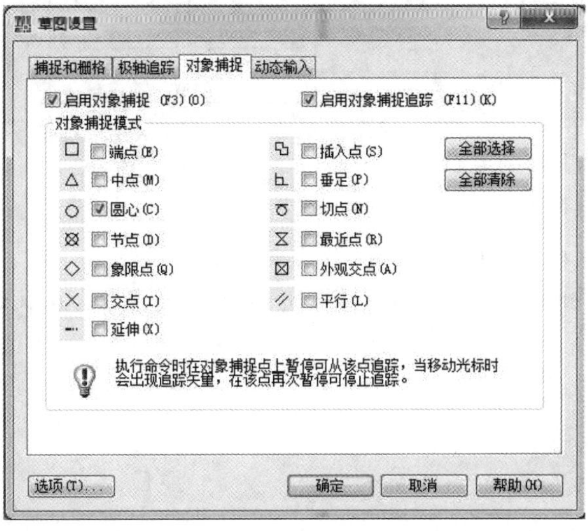

图 2－3　对象捕捉模式设置图

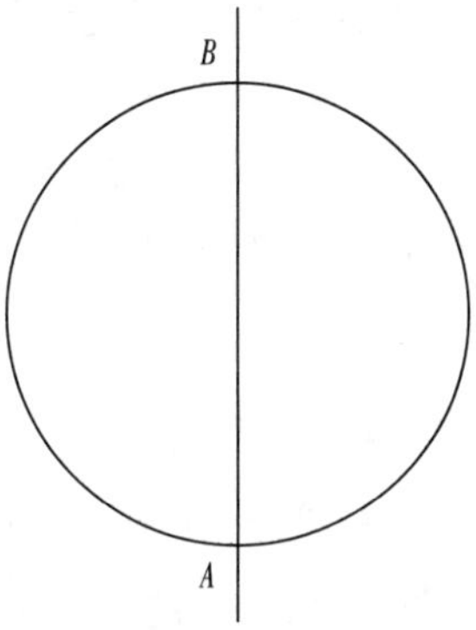

图 2－4　绘制好的构造线

输入【多段线】命令 PL↙

指定起点：捕捉 A 点

指定下一个点或[圆弧(A)/半宽(H)/长度(L)/放弃(U)/宽度(W)]：w↙

指定起点宽度＜0.0000＞：300↙

指定端点宽度＜300.0000＞：0↙

指定下一个点或[圆弧(A)/半宽(H)/长度(L)/放弃(U)/宽度(W)]：捕捉 B 点

输入【删除】命令 E↙，删除辅助线。

【小贴士】 绘图过程中也可以不用绘制辅助线，直接在【对象捕捉】里面选中"象限点"，即可快速找到 A、B 两点。

任务三　窗户的绘制

一、任务布置

运用矩形、分解、偏移、等分、修剪等命令绘制图 2-5 所示的窗户，已知亮窗位于三分之一处。

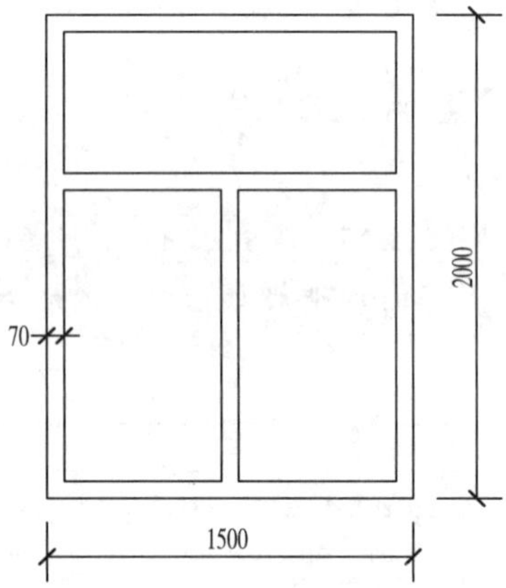

图 2-5　窗户

二、绘制步骤

输入【矩形】命令 REC↙

指定第一个角点或[倒角(C)/标高(E)/圆角(F)/厚度(T)/宽度(W)]：任意指定

指定另一个角点或[面积(A)/尺寸(D)/旋转(R)]：@1500,2000↙

输入【偏移】命令 O↙

指定偏移距离或[通过(T)/删除(E)/图层(L)]＜通过＞：70↙

选择要偏移的对象，或[退出(E)/放弃(U)]＜退出＞：选中矩形

指定要偏移的那一侧上的点，或[退出(E)/多个(M)/放弃(U)]＜退出＞：点取矩形里面任意位置

输入【分解】命令 X↙

选择对象：选中内矩形↙

输入【定数等分】命令 DIV↙

选择要定数等分的对象：选中内矩形左边线↙

输入线段数目或[块(B)]:3

【小贴士】 将内矩形左边线三等分后,图形似乎没什么变化,主要原因是等分点显示的样式所致。这时只需要按图 2-6 所示修改一下点样式,等分点便能显示出来,等分后的效果如图 2-7 所示。

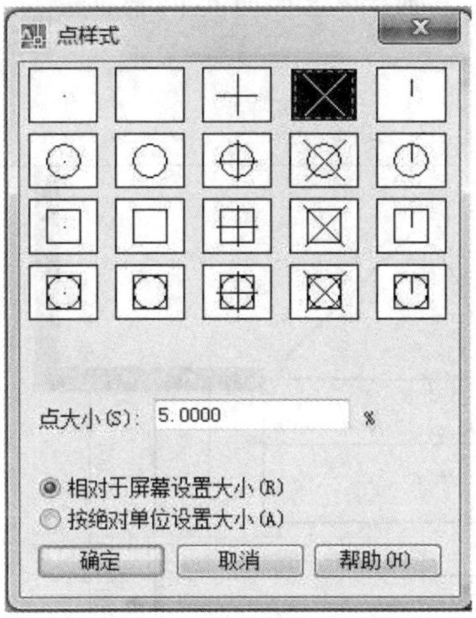

图 2-6 修改点样式

图 2-7 三等分效果

输入【直线】命令 L↙,分别绘制出三分之一处水平中线和竖向中线,结果如图 2-8 所示。

输入【偏移】命令 O↙

指定偏移距离或[通过(T)/删除(E)/图层(L)]<70.0000>:35↙

分别将水平中线向上、向下偏移 35,竖向中线向左、向右偏移 35

输入【修剪】命令 TR↙,修剪掉多余的线条

选择对象:选中与要修剪的线相交的线

选择要修剪的对象,或按住 Shift 键选择要延伸的对象,或

[栏选(F)/窗交(C)/投影(P)/边(E)/删除(R)/放弃(U)]:选中要修剪的线

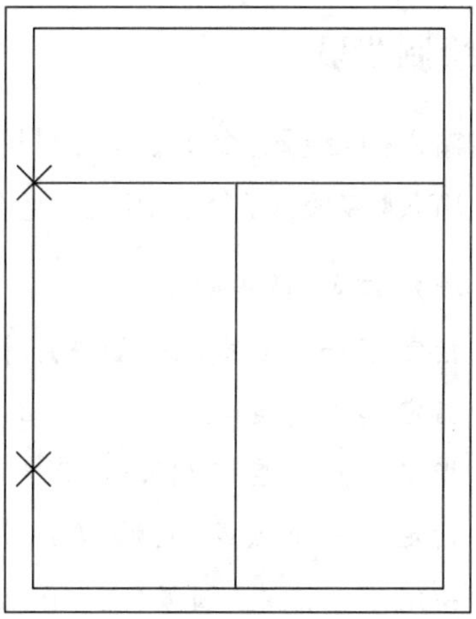

图 2-8 绘制水平和竖向中线

【小贴士】 修剪命令初学很容易用错,一定要多用多想。另外,修剪命令使用还有个小技巧,就是在输入 TR 后,连续按两次空格,就可以直接修剪掉不需要的线条。

输入【删除】命令 E↙,删除点的样式符号。

任务四　台阶的绘制

一、任务布置

运用直线、多段线、圆弧、镜像、偏移等命令绘制图 2－9 所示的台阶。

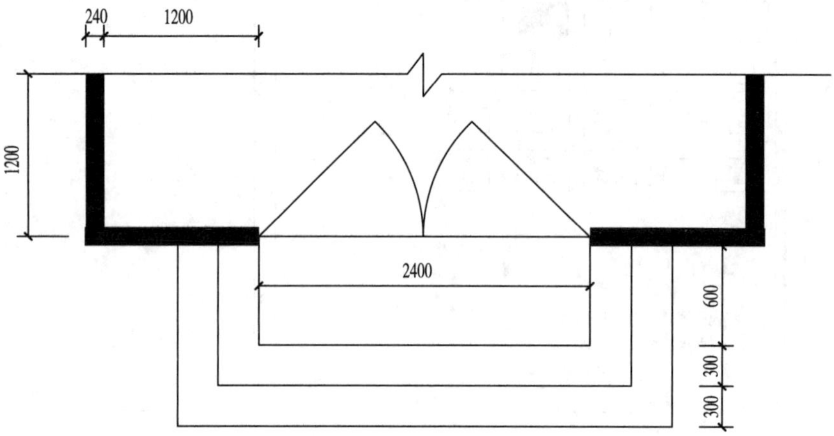

图 2－9　台阶

二、绘制步骤

输入【直线】命令 L↙，绘制折断线

输入【多段线】命令 PL↙，绘制墙体

指定起点：适当位置

指定下一个点或[圆弧(A)/半宽(H)/长度(L)/放弃(U)/宽度(W)]：W↙

指定起点宽度<0.0000>：240

指定端点宽度<240.0000>：↙

指定下一个点或[圆弧(A)/半宽(H)/长度(L)/放弃(U)/宽度(W)]：1200

指定下一点或[圆弧(A)/闭合(C)/半宽(H)/长度(L)/放弃(U)/宽度(W)]：1320

指定下一点或[圆弧(A)/闭合(C)/半宽(H)/长度(L)/放弃(U)/宽度(W)]：↙

输入【直线】命令 L↙

指定第一点：选中墙体与门交点

指定下一点或[放弃(U)]：1200↙

指定下一点或[放弃(U)]：↙

输入【圆弧】命令 A↙，绘制门

指定圆弧的起点或[圆心(C)]:C

指定圆弧的圆心:选中 A 点

指定圆弧的起点:选中 B 点

指定圆弧的端点或[角度(A)/弦长(L)]:A↙

指定包含角:45↙

绘制好的门如图 2-10 所示。

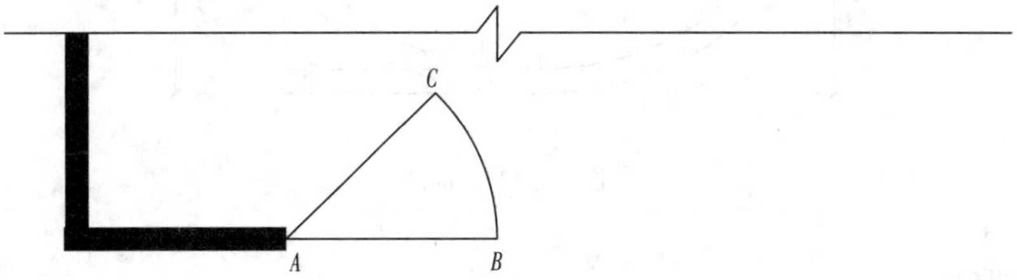

图 2-10　绘制好的门

【小贴士】　使用圆弧命令的时候,要特别注意圆弧以逆时针为正,所以起点和角度的选择显得尤为重要。

输入【直线】命令 L↙,连接 AC

输入【镜像】命令 MI↙

选择对象:选中绘制好的墙体和门↙

指定镜像线的第一点:选中 B 点

指定镜像线的第二点:选中通过 B 点的对称线上另外一点

要删除源对象吗?[是(Y)/否(N)]<N>:↙

输入【多段线】命令 PL↙,将起点和终点宽度设置为 0,绘制出最里侧台阶线

【小贴士】　绘制最里侧台阶线的时候,之所以没有选择直线命令,主要是因为后面还需要偏移。直线和多段线最主要的区别就是直线绘制出来的图形线段都是独立的,而多段线绘制出来的图形线段都是一个整体。当然,也可以使用命令 PE 将直线合并为多段线。

输入【偏移】命令 O↙,连续两次向外偏移 300,绘制出台阶。

任务五　面盆的绘制

一、任务布置

运用椭圆、直线、圆、修剪和倒角等命令绘制图 2-11 所示的面盆。

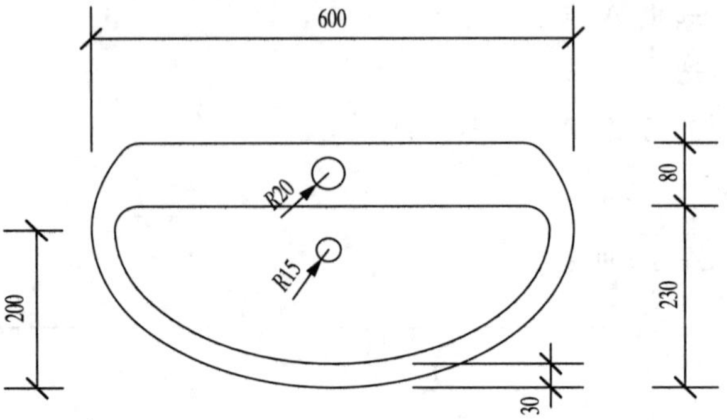

图 2 - 11　面盆

二、绘制步骤

输入【椭圆】命令 EL ↙

指定椭圆的轴端点或[圆弧(A)/中心点(C)]:C ↙
指定椭圆的中心点:任意指定
指定轴的端点:300 ↙
指定另一条半轴长度或[旋转(R)]:200 ↙

输入【偏移】命令 O ↙

指定偏移距离或[通过(T)/删除(E)/图层(L)]<通过>:30 ↙

输入【直线】命令 L ↙,绘制辅助线 *AB*

指定第一点:指定 A 点(外椭圆的象限点)
指定下一点或[放弃(U)]:230
指定下一点或[放弃(U)]:↙

过 *B* 点在内椭圆里面绘制一条水平直线,然后向上偏移 80,如图 2 - 12 所示。
输入【修剪】命令 TR ↙,修剪掉多余线条,如图 2 - 13 所示。

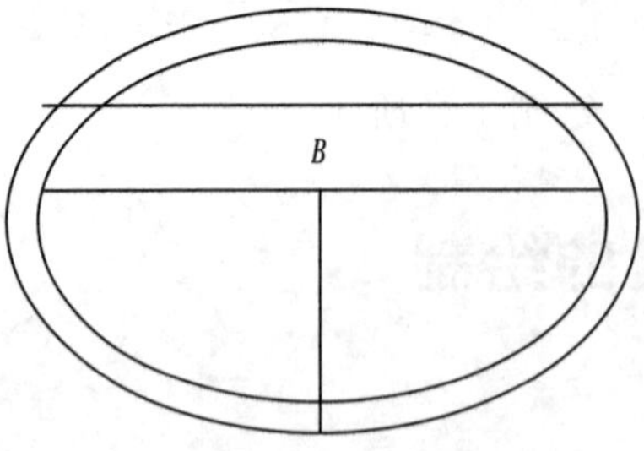

图 2 - 12　绘制辅助线

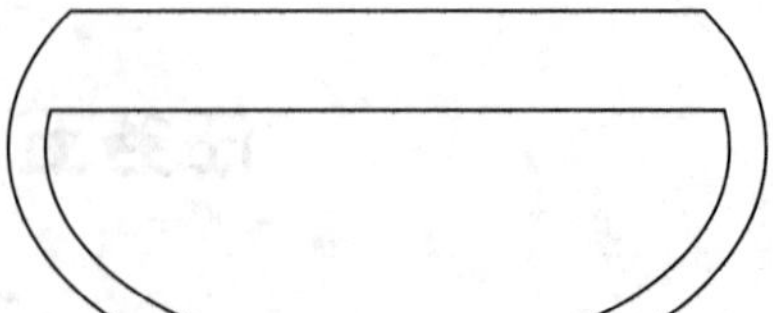

图 2 - 13　修剪后结果

【小贴士】 绘制辅助线 AB 的时候,选定 A 点应该设置【对象捕捉】为象限点。

输入【圆角】命令 F ↙

选择第一个对象或[放弃(U)/多段线(P)/半径(R)/修剪(T)/多个(M)]:R ↙

指定圆角半径<0.0000>:30 ↙

分别选择面盆四个角两边进行圆角处理。

输入【圆】命令 C ↙,在 AB 及延长线上适当位置绘制两个圆,半径分别为 15 和 20。

【小贴士】 圆角半径可根据具体需要进行选择。

任务六 马桶的绘制

一、任务布置

运用圆角、椭圆、“自”命令、偏移等命令绘制图 2－14 所示的马桶。

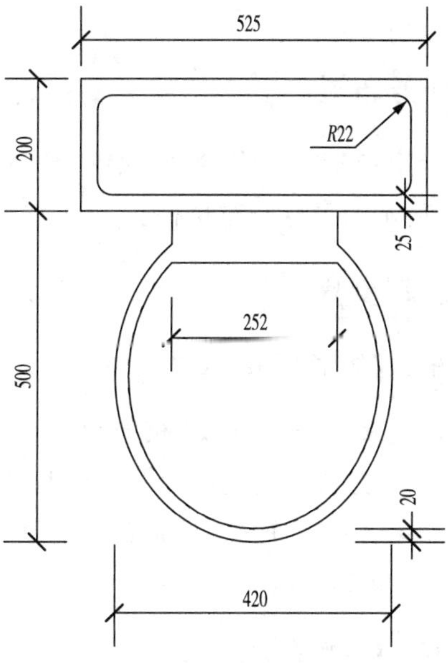

图 2－14 马桶

二、绘制步骤

输入【矩形】命令 REC ↙,绘制大小(525,200)的矩形,然后按“回车”键重复【矩形】命令

指定第一个角点或[倒角(C)/标高(E)/圆角(F)/厚度(T)/宽度(W)]:F ↙

指定矩形的圆角半径<0.0000>:22 ↙

指定第一个角点或[倒角(C)/标高(E)/圆角(F)/厚度(T)/宽度(W)]:FROM ↙

基点:选取 A 点(见图 2－15)

<偏移>:@25,25 ↙

指定另一个角点或[面积(A)/尺寸(D)/旋转(R)]:@475,150 ↙

【小贴士】 “自”命令能够准确捕捉相对于参照点偏移一定角度和距离的点。“自”命令也可以通过同时按住“Shift”键和鼠标右键调出。需要注意的是,“自”命令也只有在执行某个具体命令的时候才能生效。

输入【椭圆】命令 EL↙

指定椭圆的轴端点或[圆弧(A)/中心点(C)]:选取中点 B

指定轴的另一个端点:500↙

指定另一条半轴长度或[旋转(R)]:210↙

输入【偏移】命令 O,绘制出里面的小椭圆。输入【直线】命令 L↙,运用"自"命令以 *B* 点为参照点,分别向左和向右找出 *C*、*D* 点,并竖直往下绘制直线与小椭圆分别相交于 *E*、*F* 点,如图 2-15所示。

输入【修剪】命令 TR↙,修剪掉多余线条,最后输入【直线】命令 L↙,绘制直线 *EF*。

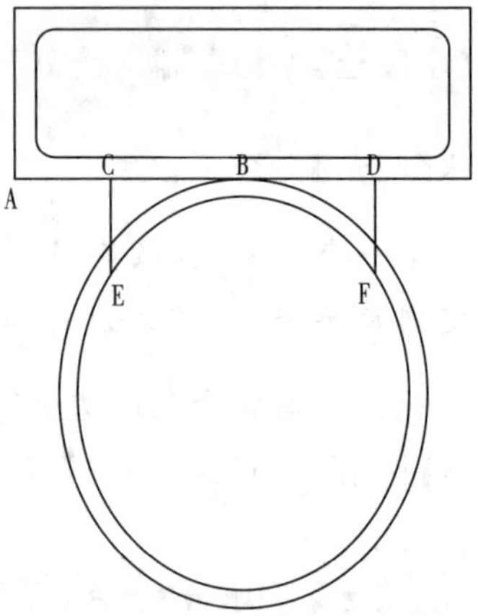

图 2-15 通过"自"命令绘制交线

任务七 平行双跑楼梯的绘制

一、任务布置

运用矩形、阵列、镜像、偏移等命令绘制图 2-16所示的平行双跑楼梯。

二、绘制步骤

输入【矩形】命令 REC↙

指定第一个角点或[倒角(C)/标高(E)/圆角(F)/厚度(T)/宽度(W)]:任意指定

指定另一个角点或[面积(A)/尺寸(D)/旋转(R)]:@2360,4960↙

输入【分解】命令 X↙

选择对象:选择所绘制矩形↙

输入【偏移】命令 O↙,将矩形上边线向下偏移 1380,得到楼梯休息平台边线。

输入【阵列】命令 AR↙,按图 2-17 进行阵列设置。

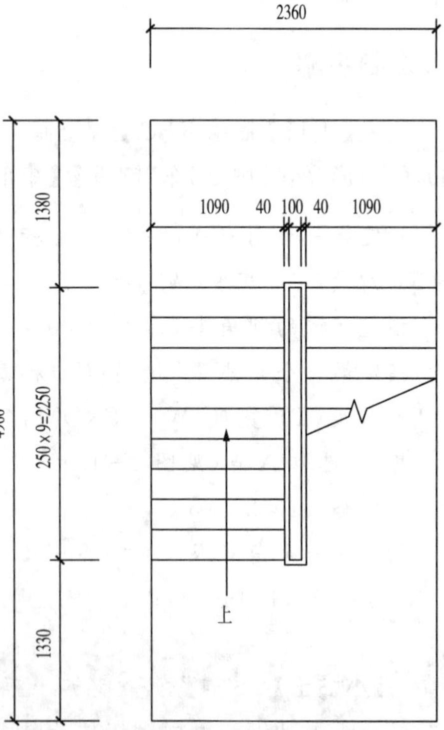

图 2-16 平行双跑楼梯

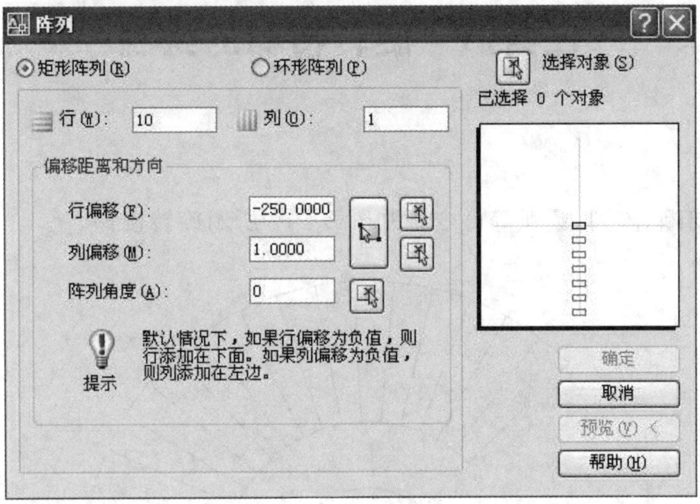

图 2-17　阵列设置

【小贴士】　阵列设置中列偏移距离默认为"1"，等同于偏移距离为 0。行偏移方向为向下，所以为负值。

点击阵列设置里面的"选择对象"，选择休息平台边线↙，再点击"确定"。

输入【矩形】命令 REC ↙，绘制 100×2250 大小的矩形，并向外偏移 40，得到梯井。将其移动至梯段中间，并进行修剪，如图 2-18 所示。

使用【直线】命令 L 绘制出折断线。

【小贴士】　绘制折断线时，为了方便对齐，可以先绘制一条整体线段，再绘制"Z"字形折断符号，最后进行修剪。

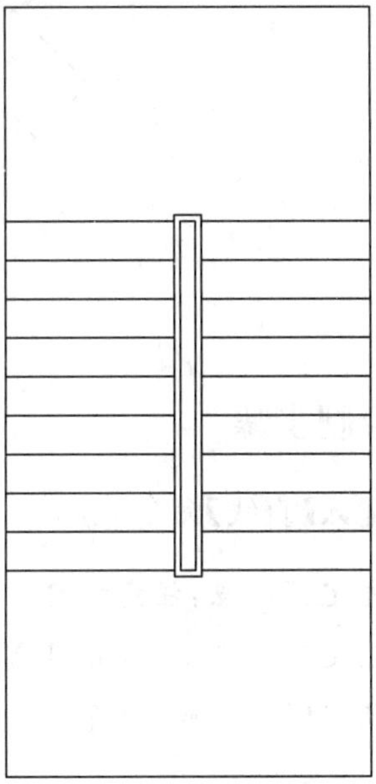

图 2-18　绘制好的踏步和梯井

使用【多段线】命令 PL 绘制出指示箭头，箭头起点线宽可设为 100。

【小贴士】　绘制箭头时，可以打开【对象追踪】功能。对象追踪是在捕捉到已有的交点、端点、圆心等特征点后进行追踪，一般和对象捕捉配合使用。

任务八　旋转楼梯的绘制

一、任务布置

运用直线、打断、阵列、圆弧等命令绘制图 2－19 所示旋转楼梯。

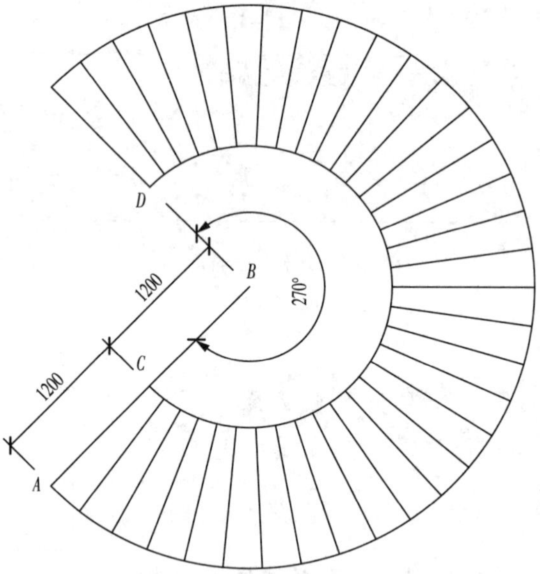

图 2－19　旋转楼梯

二、绘制步骤

输入【直线】命令 L↙

指定第一点：任意指定
指定下一点或[放弃(U)]：@2400<45↙
指定下一点或[放弃(U)]：↙

输入【打断】命令 BR↙

BREAK 选择对象：选择直线 AB(图 2－21)
指定第二个打断点或[第一点(F)]：F↙
指定第一个打断点：选择 AB 中点 C
指定第二个打断点：选择 C 点

输入【阵列】命令 AR↙，选择“环形阵列”，在“中心点”选项中单击“拾取中心点”按钮，选择 *B* 点作为阵列的中心点。阵列其他设置如图 2－20 所示。

单击“选择对象”按钮，选择直线 AC，然后确定。

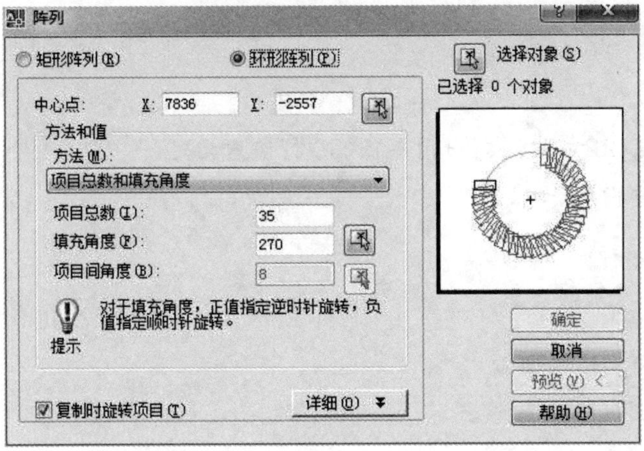

图 2-20　阵列对话框设置图

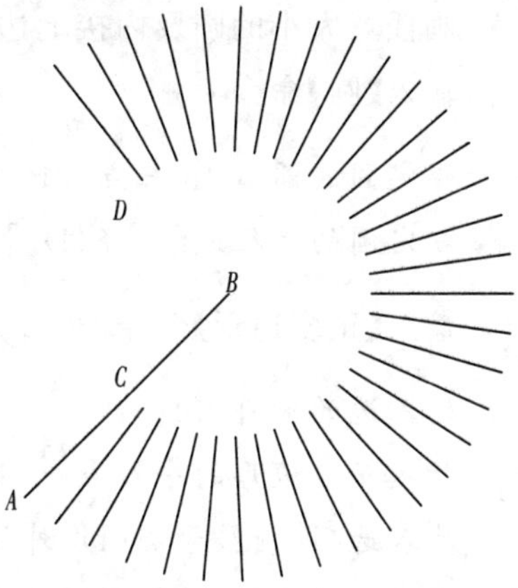

图 2-21　已阵列好的楼梯

输入【圆弧】命令 A↙，绘制旋转楼梯内弧

指定圆弧的起点或[圆心(C)]：选择 C 点

指定圆弧的第二个点或[圆心(C)/端点(E)]：选择任一阵列直线段的内侧端点

指定圆弧的端点：选择 D 点

同样，运用三点画圆弧的方法可以绘制出旋转楼梯的外弧。

任务九　几何图形的绘制

一、任务布置

运用圆、圆弧、参照缩放、修剪等命令绘制图 2-22 所示的几何图形。

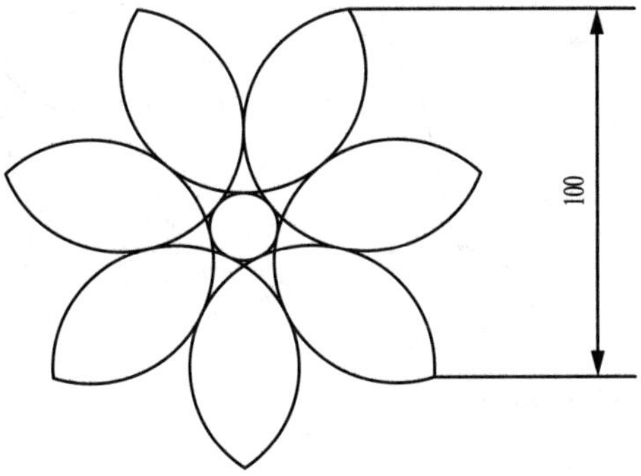

图 2-22　几何图形

二、绘制步骤

画任意大小的圆及内接七边形

输入【圆】命令 C↙

指定圆的圆心或[三点(3P)/两点(2P)/相切、相切、半径(T)]:任意指定

指定圆的半径或[直径(D)]:任意指定(如 100)

输入【正多边形】命令 POL↙

输入边的数目＜4＞:7

指定正多边形的中心点或[边(E)]:选择圆心

输入选项[内接于圆(I)/外切于圆(C)]＜I＞:↙

指定圆的半径:选择圆的最下边象限点

过圆心画中心垂直线。

输入【圆】命令 C↙

指定圆的圆心或[三点(3P)/两点(2P)/相切、相切、半径(T)]:3p↙

依次捕捉 1、2、3 点(图 2-23),其中第 3 点为切点。

【小贴士】 切点的捕捉容易受到其他特征点的干扰,因此可以先设置对象捕捉模式为有且只有切点,捕捉完后再修改过来。

输入【修剪】命令 TR↙,修剪掉小圆多余部分,如图 2-23 所示。

以"项目总数"为 7、大圆圆心为中心点环形阵列圆弧 132,如图 2-24 所示。

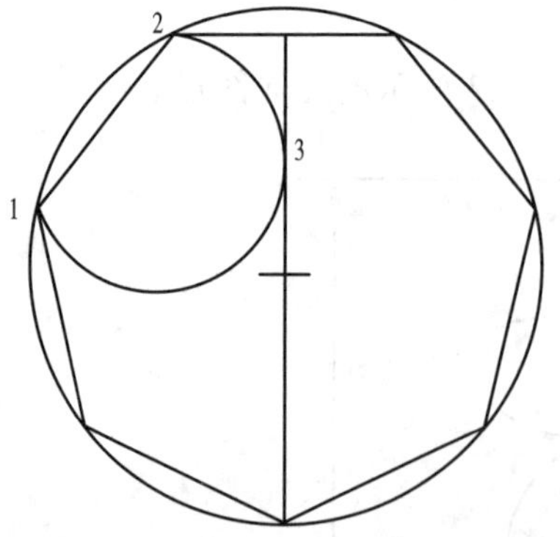

图 2-23 绘制阵列基本单元

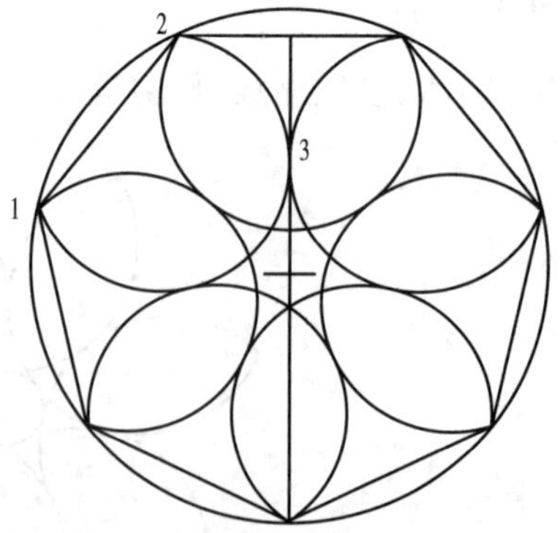

图 2-24 阵列后图形

运用三切点画圆的方法绘制出中心圆,输入【修剪】命令 TR↙,修剪掉辅助线。

输入【缩放】命令 SC↙

选择对象：选择整个图形↙

指定基点：捕捉大圆圆心

指定比例因子或[复制(C)/参照(R)]＜1.0000＞：R↙

指定参照长度＜1.0000＞：以 X 长度为参照(捕捉 X 长度，图 2-25)

指定新的长度或[点(P)]＜1.0000＞：100↙

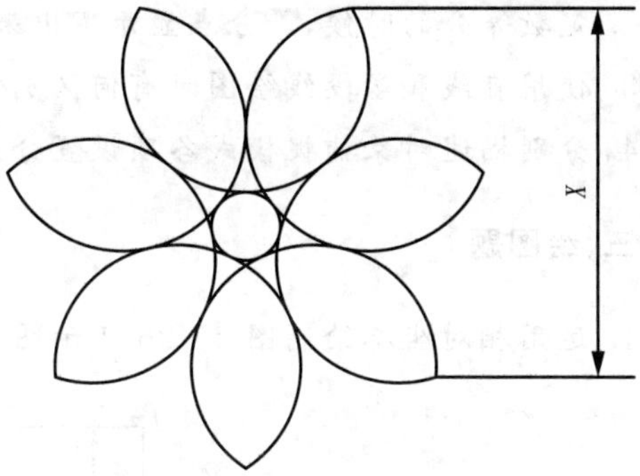

图 2-25　图形参照缩放

本项目小结

本项目内容通过工程构件实例讲解 AutoCAD 基本命令运用方法和技巧。几个实例大多来自工程实际，将基本命令的学习巧妙融合在实际构件的绘制过程中，避免了传统学习基本命令时的枯燥与乏味，并且能让读者学会学以致用。本项目另外一个很重要的特点是引导读者使用快捷键进行基本命令输入，从一开始就培养良好的操作习惯，为以后熟练使用软件奠定良好基础。读者通过本项目学习，应熟练掌握【直线】、【圆】、【多段线】、【矩形】、【自命令】、【圆弧】、【椭圆】等基本绘图命令的使用方法，并且掌握【偏移】、【修剪】、【删除】、【镜像】、【圆角】、【缩放】等基本修改命令的使用技巧。

同步测试

一、单选题

1. 表示相对坐标的符号是(　　)。

A. #　　　B. %　　　C. @　　　D. &

2. (　　)是无限延长的直线。

A. 构造线　　　B. 直线　　　C. 射线　　　D. 多段线

3. 使用(　　)绘制的图形是一个整体。

A. 构造线　　　B. 直线　　　C. 射线　　　D. 多段线

4. 圆弧绘制是以(　　)方向为正。

A. 顺时针　　　B. 逆时针　　　C. 90°　　　D. 180°

5. 可以对已有图形进行对称复制的是(　　)命令。

A. 偏移　　　B. 镜像　　　C. 修剪　　　D. 圆角

二、问答题

1. 相对直角坐标和相对极坐标的主要区别是什么？

2. 定数等分的时候，等分点显示不出来应该如何处理？

3. 使用直线和多段线绘图时有何区别？

4. 分别描述对象捕捉模式各项设置分别在什么情况下使用？

三、绘图题

1. 运用相对坐标绘制图 2-26 所示图形。

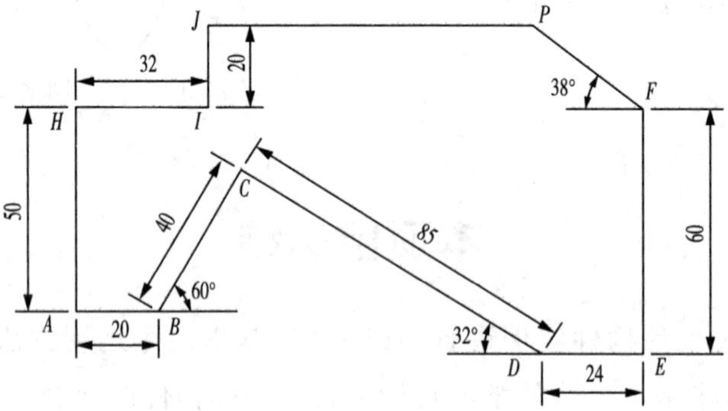

图 2-26

2. 绘制图 2-27 所示门。

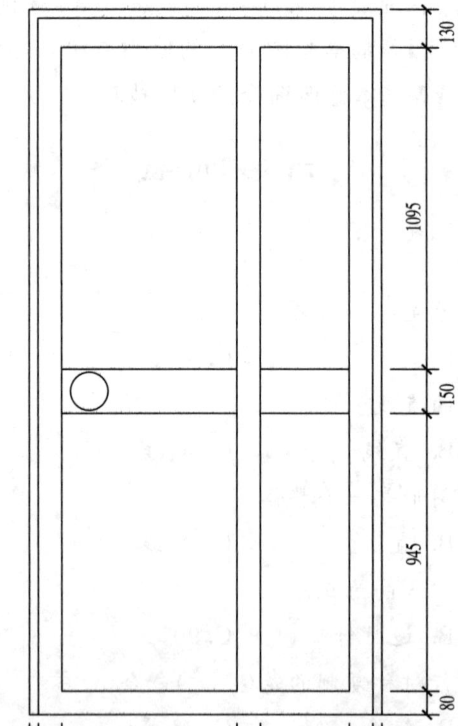

图 2-27 门

3. 绘制图 2－28 所示大小橱柜。

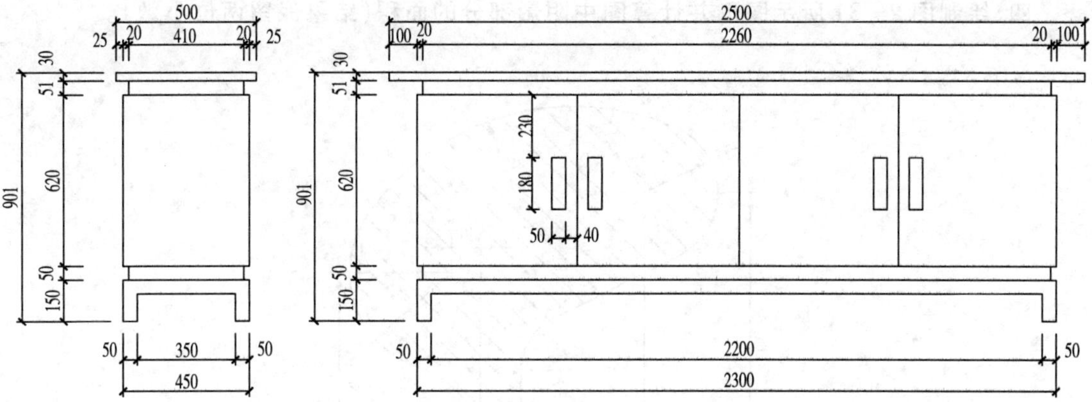

图 2－28　大小橱柜

提示：大橱柜可以通过小橱柜运用【拉伸】命令绘制。

4. 绘制图 2－29 所示沙发。

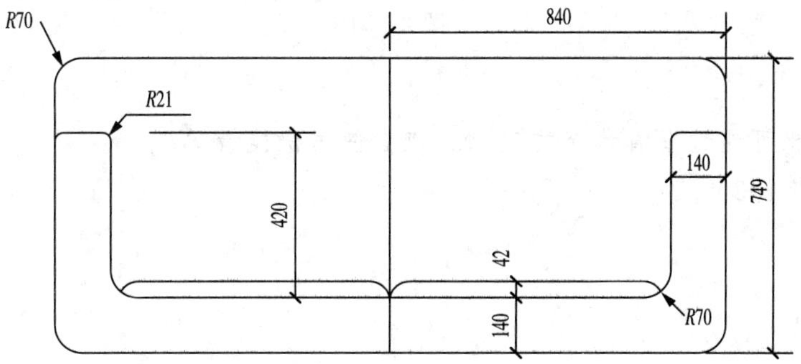

图 2－29　沙发

5. 绘制图 2－30 所示三角形内切圆。

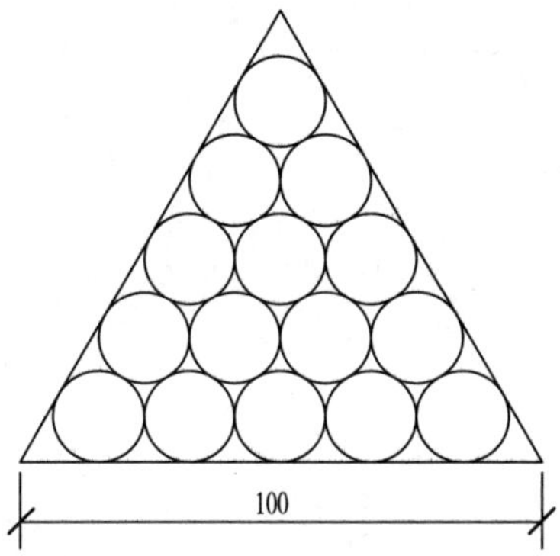

图 2－30　三角形内切圆

提示:运用【阵列】、【参照缩放】等命令。

四、绘制图 2-31 所示图形并计算图中阴影部分的面积(结果保留两位小数)。

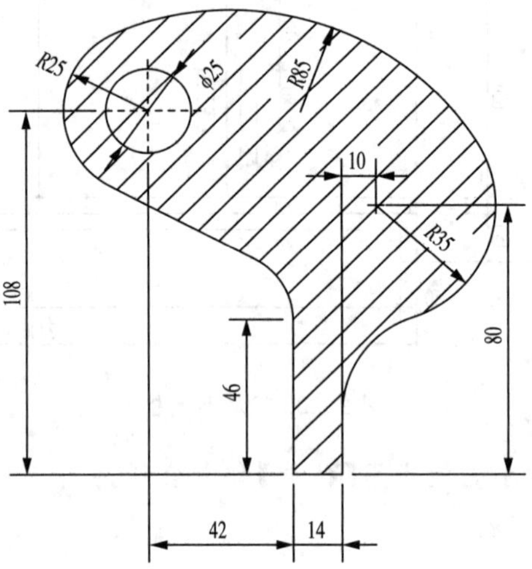

图 2-31

提示:

1. 计算面积可通过查看填充的"特性"或者使用快捷键 AA
2. 参考答案:8309.27

项目三 建筑平面图的绘制

学习目标

知识目标

- 了解建筑平面图的用途、形成和内容
- 掌握《房屋建筑制图统一标准》中对应的绘图标准；掌握图层、图形界限、多线样式、文字样式、标注样式、属性定义、块等的设置和操作
- 掌握建筑平面图的绘制流程、方法和技巧

能力目标

- 能运用各类命令快捷键快速绘制轴网、墙体、柱子、门窗、楼梯等基本构件并进行尺寸和文字标注
- 能处理好各种绘图元素与《房屋建筑制图统一标准》的对应关系

建筑平面图主要用于表达房屋建筑的平面形状、房间布置、内外交通联系，以及墙、柱、门窗构配件的位置、尺寸、材料和做法等。本项目将从专业角度出发，通过典型的案例操作，逐步引导读者学习运用 AutoCAD 建筑绘图软件，绘制专业化的建筑平面图。具体以绘制如图 3－1 所示的某居民楼的一层建筑平面图为例，在了解和掌握前面有关命令及快捷键的基础上，逐步引导读者进一步熟练掌握专业建筑平面图的绘制流程和绘制技巧。

任务一 设置绘图环境

一、创建新图形文件

单击工具栏中【文件】菜单中的新建命令，弹出的对话框中，选择 acad. dwt 模板。单击右下角【打开】按钮，进入 AutoCAD 绘图界面。

二、设置图形界限

“图形界限”相当于我们手工绘图时所定制的图纸。【图形界限】(LIMITS)命令主要用于设置或修改图形的作图区域，用户只需定位左下角点和右上角点的坐标，即可确定作图区域。

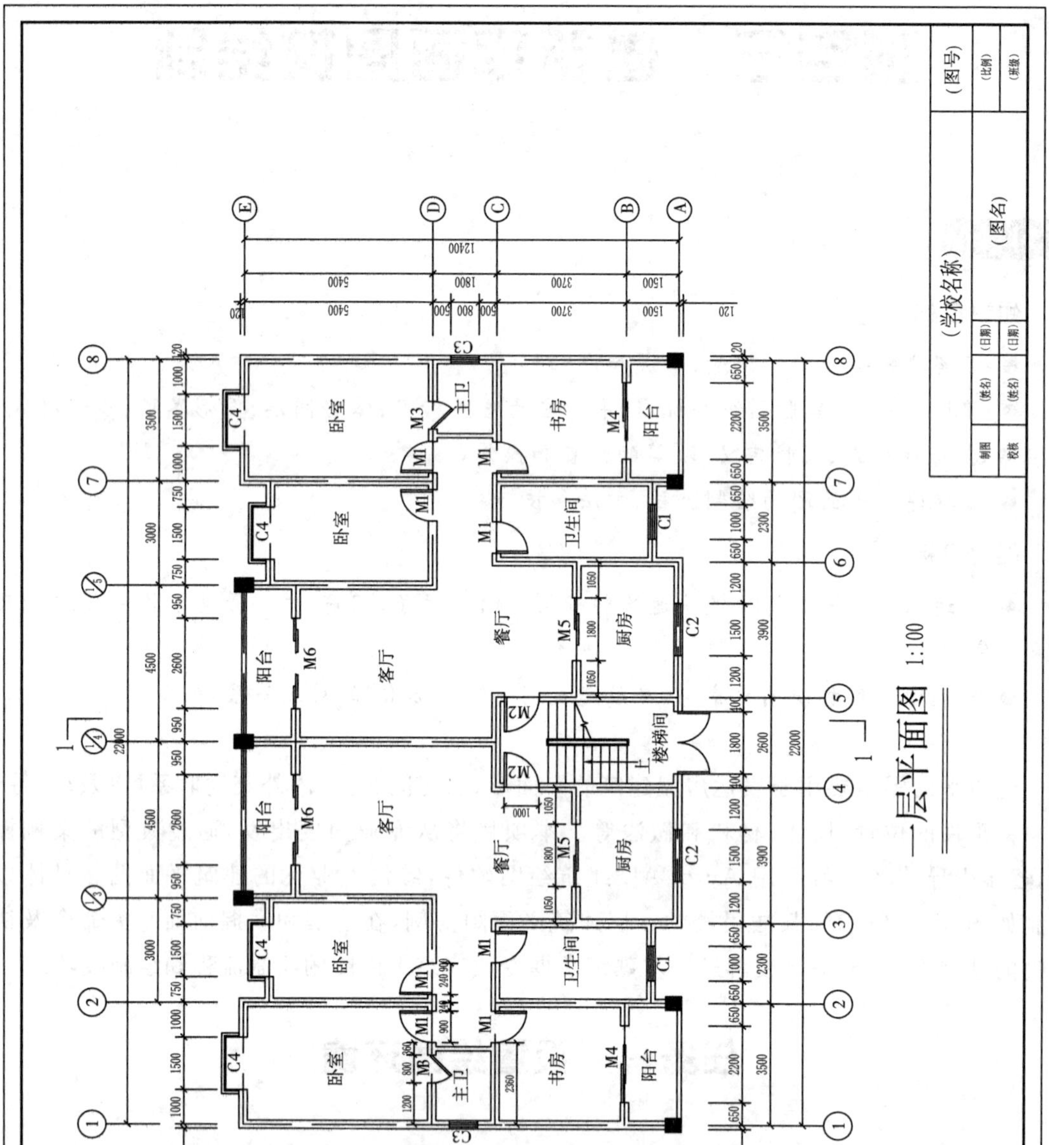

图3-1 某居民楼一层建筑平面图

运行【图形界限】命令 LIMITS，或单击【格式】菜单中的【图形界限】命令，接着输入“ON”后确定(确认图形界限打开)，指定“左下角点”时输入(0,0)，或直接确定取默认的(0,0)，指定“右上角点”时输入(42000,29700)，将图形界限设置为 A3 图纸大小，如图 3－2 所示。

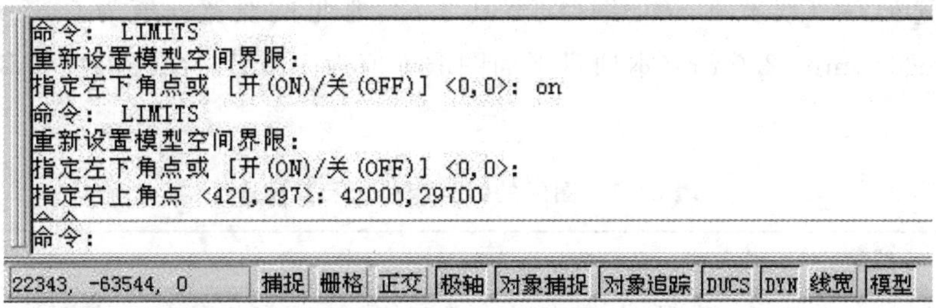

图 3－2　图形界限设置

三、设置单位

【单位】(UN)命令主要用于设置绘图的单位和精度，具体设置长度的类型和精度、角度的类型和精度、角度的旋转方向等参数。

运行【单位】命令 UN，或单击【格式】菜单中的【单位】命令，设置长度类型为小数，精度为 0，如图 3－3 所示。

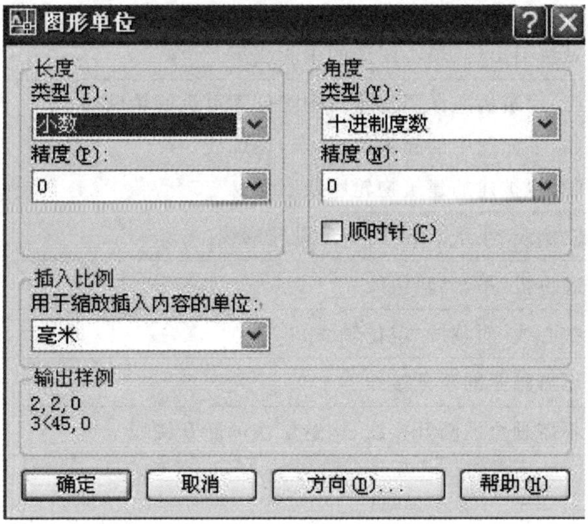

图 3－3　“图形单位”对话框设置

四、设置图层与特性

为建筑施工图设置一些常用的图层及图层的颜色、线型、线宽等特性，可以很方便地通过图层的状态控制功能显示和管理复制图形，以方便对其进行观察和编辑。

(一)设置图层的要求

1. 线型和线宽

(1)任何工程图样都是采用不同的线型与线宽的图线绘制而成的,这样可使不同的内容层次分明。线宽设置就是改变线条的宽度,《房屋建筑制图统一标准》中,线宽一般是三种,即粗(线宽 *b*)、中(线宽 0.5*b*)、细(线宽 0.25*b*),常见的线宽 *b* 值为 0.35mm、0.5mm、0.7mm、1mm、1.4mm、2.0mm(本项目平面图取 *b* 值为 1mm)。图线的线型和线宽可以参考表 3-1。

表 3-1　图线的线型和线宽及其用途

名称	线宽	用　途
粗实线	*b*	(1)平、剖面图中被剖切的主要建筑构造(包括构配件)的轮廓线 (2)建筑立面图或室内立面图的外轮廓线 (3)建筑构配件详图中被剖切的主要部分的轮廓线 (4)建筑构配件详图中的外轮廓线 (5)平、立、剖面图的剖切符号
中实线	0.5*b*	(1)平、剖面图中被剖切的次要建筑构造(包括构配件)的轮廓线 (2)建筑平、立、剖面图中建筑构配件的轮廓线 (3)建筑构造详图及建筑构配件详图中的一般轮廓线 (4)尺寸起止符号
细实线	0.25*b*	小于 0.5*b* 的图形线、尺寸线、尺寸界线、图例线、索引符号、标高符号、详图材料做法引出线、较小图形的中心线等
中虚线	0.5*b*	(1)建筑构造详图及建筑构配件不可见的轮廓线 (2)平面图中的起重机(吊车)轮廓线 (3)拟扩建的建筑物轮廓线
细虚线	0.25*b*	图例线、小于 0.5*b* 的不可见轮廓线
粗单点长画线	*b*	起重机(吊车)轨道线
细单点长画线	0.25*b*	中心线、对称线、定位轴线
折断线	0.25*b*	不需画全的断开接线
波浪线	0.25*b*	不需画全的断开接线、构造层次的断开接线

2. 颜色

一般选用索引颜色 1—9 号,即“红、黄、绿、青、蓝、洋红、白”等。

3. 具体要求

(1)线宽可以在图层中设置,也可以在打印样式中设置。如果在打印样式中设置,则在建立图层时线宽统一设为“默认”。

打印机大部分都是按照线的颜色指定线宽的，具体操作为：单击【文件】菜单中【打印】命令，弹出【打印—模型】对话框，设置“acad. ctb”为打印样式表，如图 3－4 所示。单击“打印样式表”选择框的右边“编辑”按钮，弹出【打印样式表编辑器】对话框，再按颜色设置线宽，如图 3－5 所示。

图 3－4　“打印—模型”对话框

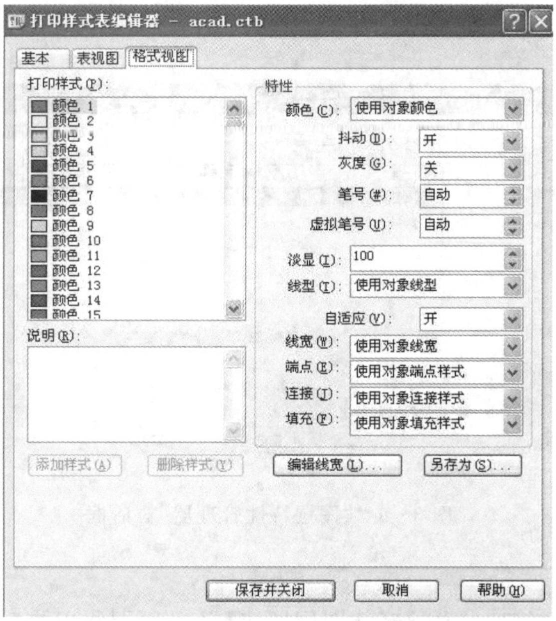

图 3－5　“打印样式表编辑器”对话框

(2)常用图层的名称、颜色及线宽一般设置如下：

“轴网”:1 号(红色),线宽 0.25;

“墙体”:8 号(灰色),线宽 1.00;

“门窗”:4 号(青色),线宽 0.50;

“尺寸”:3 号(绿色),线宽 0.25;

“柱子”:5 号(蓝色),线宽 1.00;

“文字”:7 号(白色),线宽 0.50;

“楼梯及其他构配件”:2 号(黄色),线宽 0.50;

“图幅、图框”:7 号(白色),线宽 0.25;

其他图层按具体需要进行设置。

【小贴士】 设计者在制图中也可以按照自己喜欢的方式设置颜色,主要看个人习惯,以绘图方便,并能看清楚为原则,但要注意保证图形的整体美观以及各颜色间的协调。除了轴网、标注和填充用 0.25 宽,墙和柱用 1.00 宽外,其他都可以用 0.5 宽。

(3)线型

除了“轴网”图层线型设为长点画线(ACAD_IS004W100)外,其他都可以设置为默认实线。

(二)建立图层

1. 打开图层特性管理器

运行【图层特性管理器】命令 LA,或单击【格式】菜单中【图层】命令,打开【图层特性管理器】对话框,如图 3-6 所示。

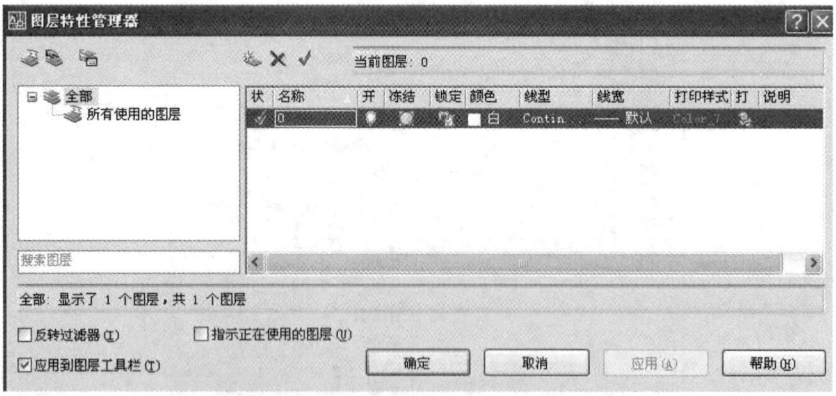

图 3-6 “图层特性管理器”对话框

2. 新建图层

(1)单击【图层特性管理器】中【新建图层按钮】新图层将以临时名称“图层 1”显示在图层列表中,如图 3-7 所示,然后在反白显示的“图层 1”位置上输入“轴网”作为新图层的名称。

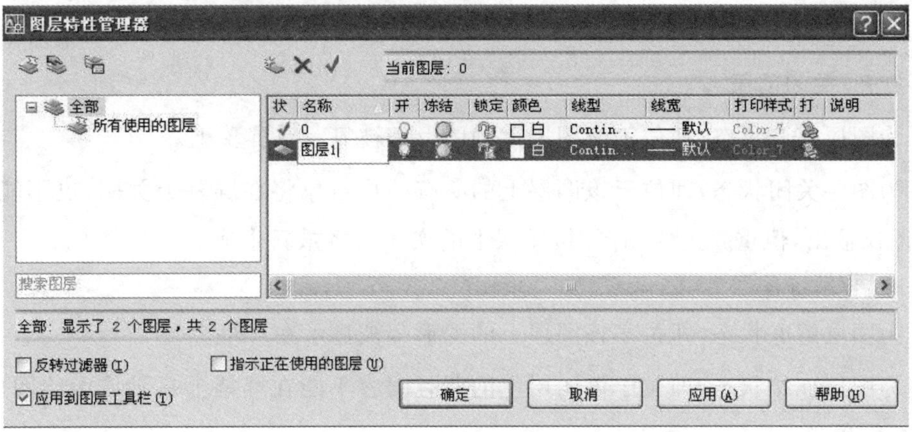

图 3-7 新建图层

(2)在“轴网”图层上单击颜色图标，选择索引颜色 1(红色)为图层颜色。

(3)在“轴网”图层上单击线型图标，加载“长点画线型”。“轴网”图层设置完成。

(4)在“轴网”图层上单击线宽图标，在弹出的对话框中选择线宽 0.25mm，如图 3-8 所示，“轴网”图层设置完成。

(5)按照前面所述图层的名称、颜色、线型、线宽的设置要求建好其他图层，结果如图 3-9 所示。

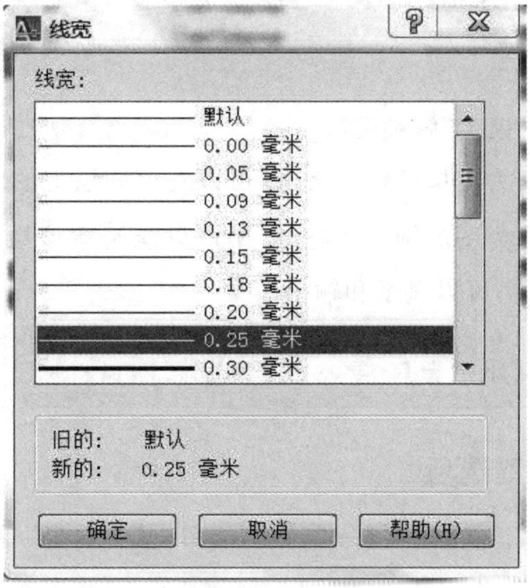

图 3-8 “轴网”图层线宽的设置

图 3-9 建好的图层

(三)图层的状态控制

1. 打开/关闭图层

为图层打开状态,即位于该图层上的图形都被显示在屏幕上。

为图层关闭状态,即位于该图层上的所有图形对象将在屏幕上关闭,也不能被打印或由绘图仪输出,但重新生成图形时,图层上的实体仍将重新生成。

2. 冻结/解冻图层

为图层解冻状态,即位于该图层上的图形都被显示在屏幕上。

为图层冻结状态,即位于该图层上的所有内容不能在屏幕上显示或由绘图仪输出,不能进行重生成。

【小贴士】 关闭与冻结的图层都是不可见和不可输出的,但是被冻结图层不参加运算处理,可以加快图形操作的处理速度。绘图时,建议冻结长时间不用看到的图层。

3. 锁定/解锁图层

为图层解锁状态,即可以对该图层上的图形进行编辑和操作。

为图层锁定状态,即用户只能观察该层上的图形,不能对其编辑和修改,但该层上的图形仍可以显示和输出。

【小贴士】 要注意当前图层不能被冻结,但可以被关闭和锁定。

五、设置选项

1. 运行【选项】命令 OP,或单击【工具】菜单中的【选项】命令,打开【选项】对话框,如图 3－10 所示。

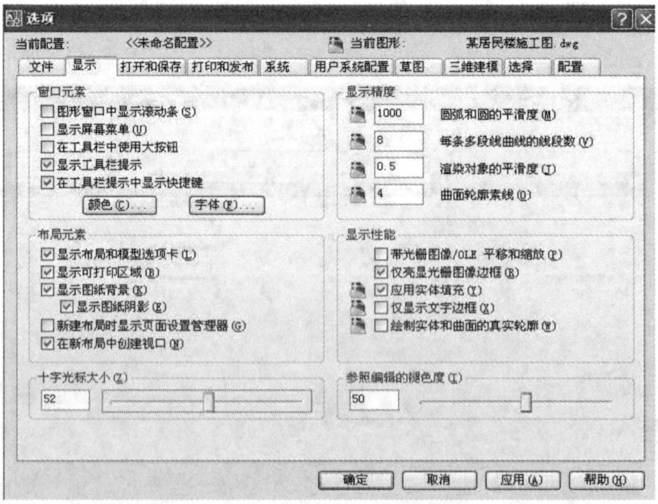

图 3－10 “选项”对话框

2. 在“显示”选项卡中，设置十字光标大小和绘图背景颜色。

【小贴士】 在“选项”设置中，对于十字光标大小、背景、拾取框和夹点大小等的设置没有强制要求，一般以个人习惯为准。

3. 在“选择”选项卡中，设置拾取框大小和夹点大小。
4. 在“打开和保存”选项卡中，设置自动保存间隔分钟数。

六、创建文字样式

(一)房屋建筑制图统一标准

1. 文字

字体的号数即是字体高度，字高系列有：3.5mm、5mm、7mm、10mm、14mm、20mm 等。

图样及说明中的汉字，宜采用长仿宋体(矢量字体)或黑体，同一图纸字体种类不应超过两种，文字的宽度与高度关系应符合表 3-2 规定。

表 3-2 长仿宋体字高与宽关系表(mm)

字高	20	14	10	7	5	3.5
字宽	14	10	7	5	3.5	2.5

2. 其他

拉丁字母、阿拉伯数字与罗马数字的字高，不应小于 2.5mm。

(二)创建文字样式

1. 运行【文字样式】命令 ST，打开【文字样式】对话框，如图 3-11 所示，

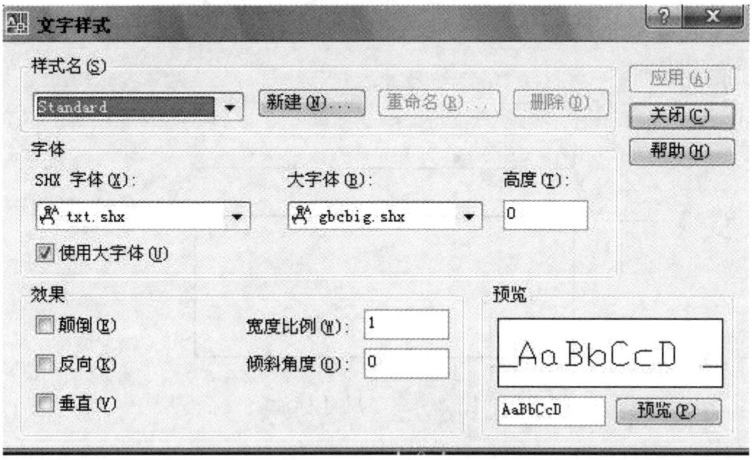

图 3-11 “文字样式”对话框

2. 新建一名为“700”的文字样式，设置好字体名、高度、宽度比例，具体设置如图 3－12 所示。

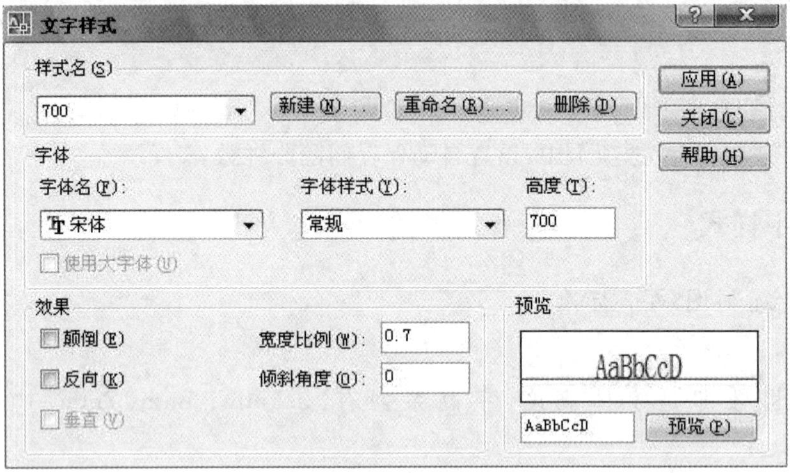

图 3－12　设置文字样式

【小贴士】 为了方便后面在注释文字时能以最快速度选择合适的样式，此处设置新样式时文字高度的设置最好与样式名称保持一致。当单位精度设为“0”时，框内宽度比例“0.7”会自动精确至“1”，建议先设置文字样式，后设置单位精度。

3. 用同样的方法创建名为“250”“350”“500”的文字样式。

七、创建样注样式

(一)房屋建筑制图统一标准

一个完整的尺寸标注应由尺寸线、尺寸界线、尺寸起止符号和尺寸数字组成，如图 3－13 所示。

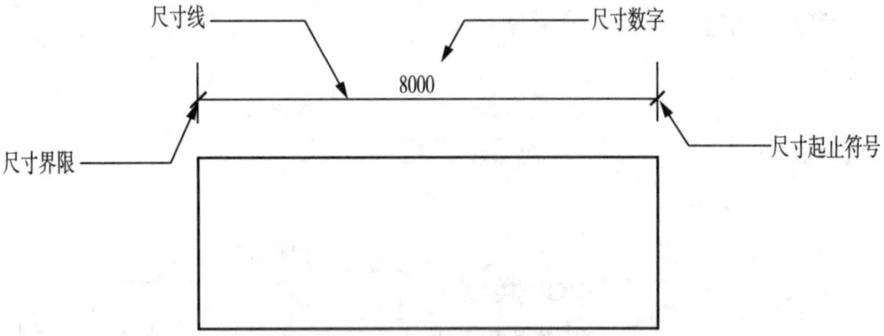

图 3－13　尺寸标注

1. 尺寸界线

用细实线表示；一般情况下，尺寸界限垂直于尺寸线，其一端应离开图样轮廓线不应小于 2mm，另一端宜超出尺寸线 2～3mm。

2. 尺寸线

用细实线表示；尺寸线不得超出尺寸界限；图样尺寸线与被标注的轮廓线间距及与互相平行的尺寸线的间距一般为 7～10mm；中心线、尺寸界限以及其他任何图线都不能用作尺寸线。

3. 起止符号

在建筑制图中，起止符号一般为 45°倾斜的中粗线，其长度为 2～3mm；当相邻的尺寸界限的间隔较小时，尺寸起止符号可以采用小圆点。

4. 尺寸数字

工程图上标明的尺寸数字是物体的实际大小，与绘图比例无关。建筑图上表明的尺寸数字，除了高程以米为单位外，其他都以毫米为单位，并且在尺寸数字后无须注写单位；尺寸数字一般应依据其方向注写在靠近尺寸线的上方中部。如没有足够的注写位置，最外边的尺寸数字可注写在尺寸界线的外侧，中间相邻的尺寸数字可错开注写。尺寸宜标注在图样轮廓以外，不宜与图线、文字及符号等相交。

（二）创建标注样式

1. 运行【标注样式管理器】命令 D，弹出如图 3－14 对话框。

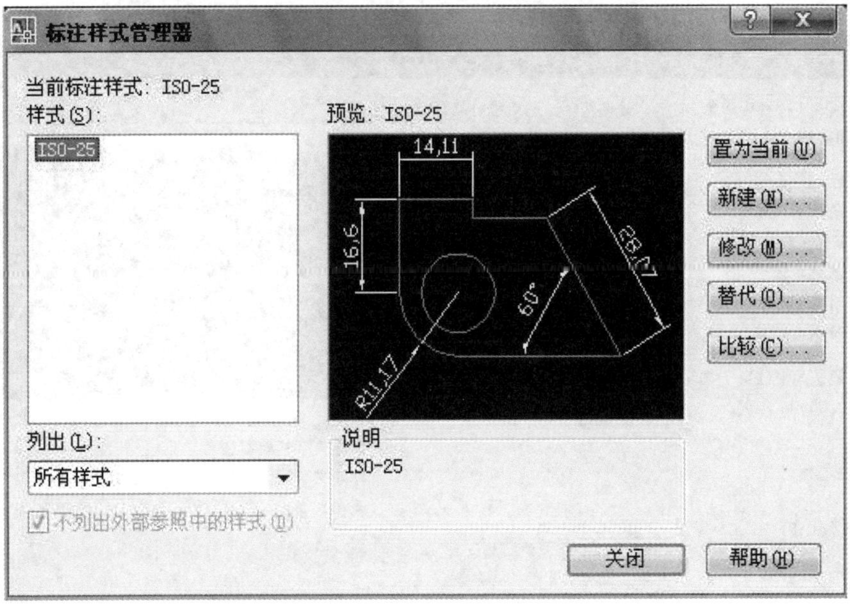

图 3－14 “标注样式管理器”对话框

2. 新建一名为“尺寸”的标注样式，“直线”选项设置如图 3－15 所示，“符号和箭头”选项设置如图 3－16 所示，“文字”选项设置如图 3－17 所示，“调整”选项设置如图 3－18 所示，“主单位”选项设置如图 3－19 所示。

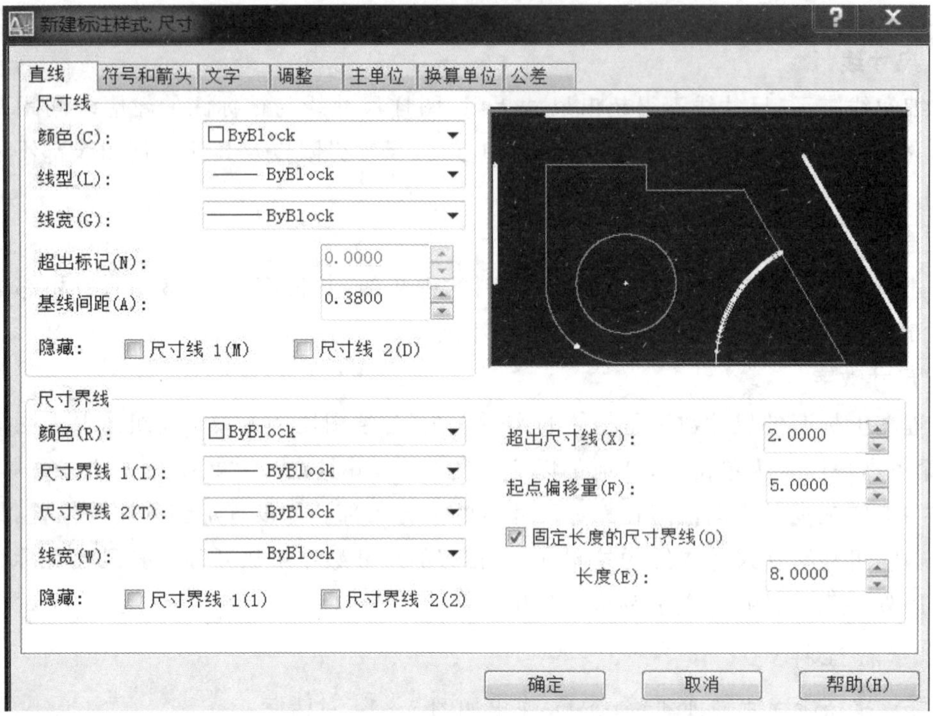

图 3-15 “直线”选项设置

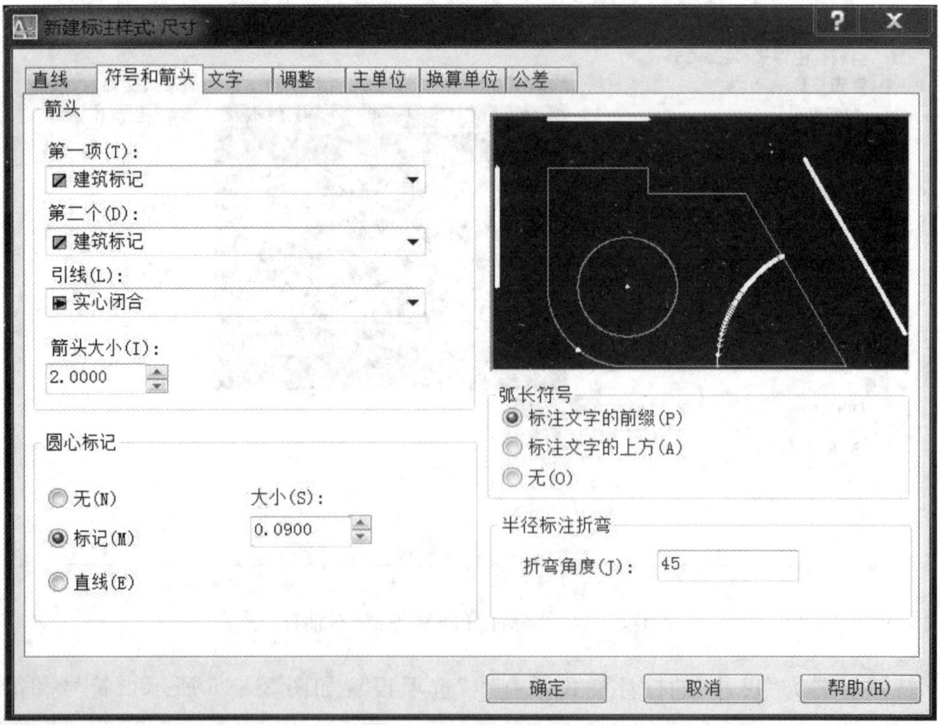

图 3-16 “符号和箭头”选项设置

图 3－17 “文字”选项设置

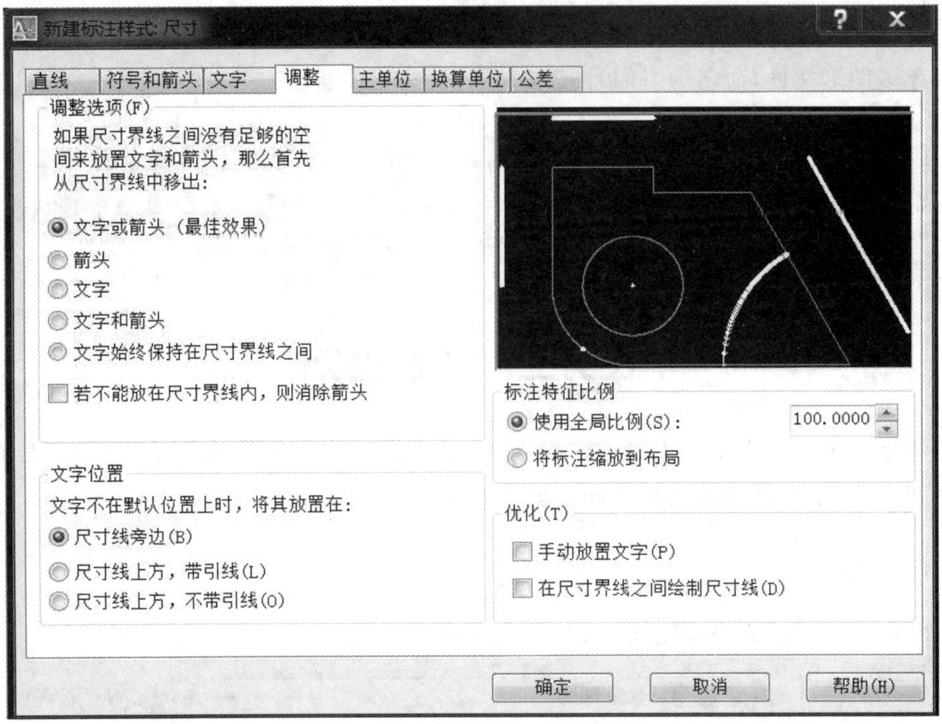

图 3－18 “调整”选项设置

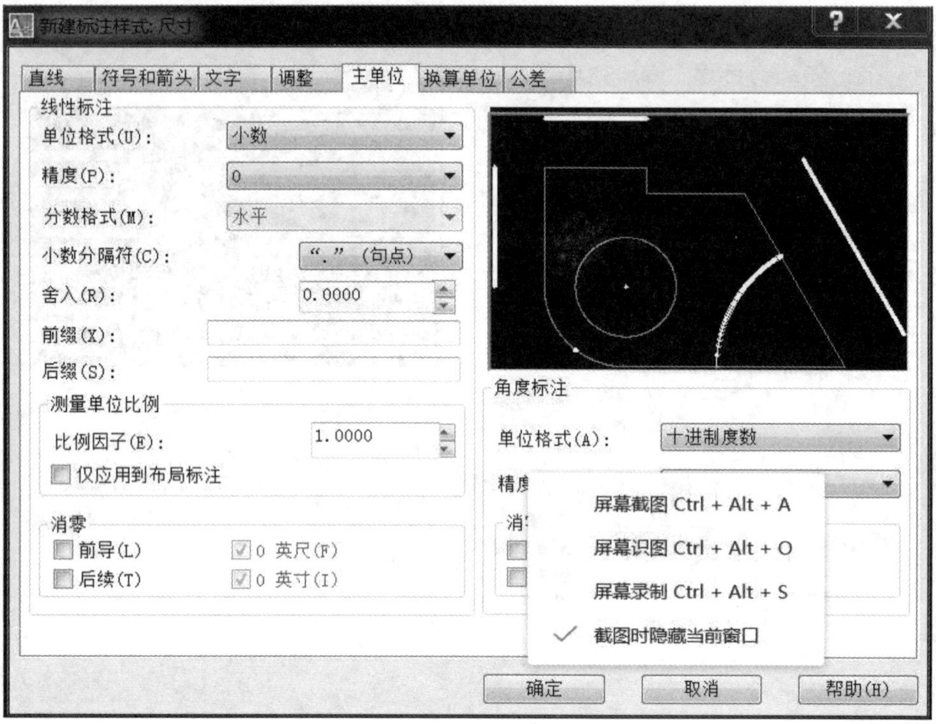

图 3－19 “主单位”选项设置

八、保存

保存该图形文件，命名为“样板图”.dwt，作为样板文件。

【小贴士】 所谓“样板文件”，就是包含一定的绘图环境和专业参数的设置，用户在样板文件的基础上绘图，能够避免许多参数的重复性设置，大大节省了绘图时间，不但可以提高绘图效率，还可以使绘制的图形更符合标准规范的要求。

任务二 绘制轴网

墙体定位轴线网主要用于表达建筑物纵、横向墙体之间的结构位置关系，它是墙体定位的主要依据，是控制建筑物尺寸和模数的基本手段。

一、选择图层

将“轴网”图层设为当前图层，如图 3－20 所示。

图 3－20 显示当前图层“轴网”

二、绘制轴线

1. 运行【构造线】命令 XL，绘制横向和纵向两条正交轴线，然后运行【设置线型比例】命令 LTS，设置线型比例因子为“100”，如图 3－21 和图 3－22 所示。

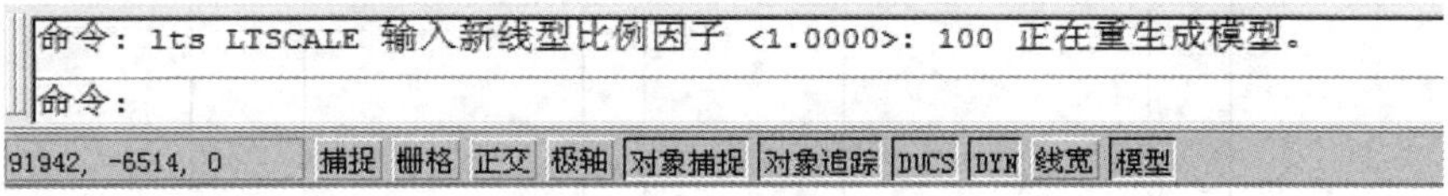

图 3－21　设置线型比例

图 3－22　绘制两条横向和纵向正交轴线

【小贴士】　当所绘图形在屏幕中无法完全显示且无法进一步缩小时(此时状态栏最左下角显示“已无法进一步缩小”字样)，可通过命令行中键入“Z”命令后确定，再键入“A”命令后确定，即会在屏幕上显示全部图形内容。此命令在绘图过程中经常用到。

2. 运行【偏移】命令 O，绘制出其余各条轴线，然后对四周多余线进行必要的修剪。注意，开间与进深的尺寸与前面所示建筑平面图必须一致，完成后如图 3－23 所示。

【小贴士】　该平面图具有左右对称的特殊性，因此可只画左半边，右半边通过镜像命令快速绘制完成。掌握一定的快速绘图技巧，可大大提高绘图速度。

三、编辑轴线

运行【修剪】命令 TR，修剪掉冗余的轴线，使各房间布局更加清晰明了，如图 3－24 所示。

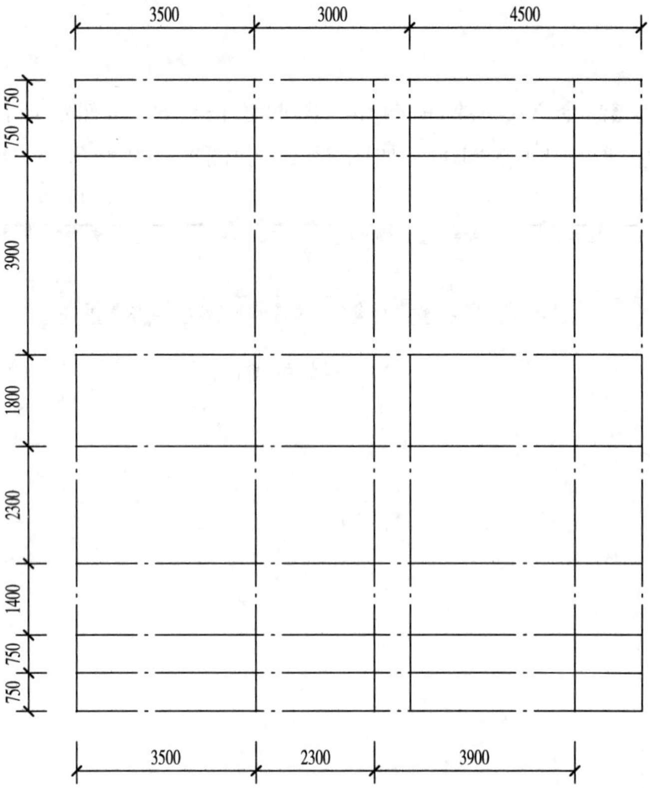

图 3-23　去掉四周多余线后的轴网

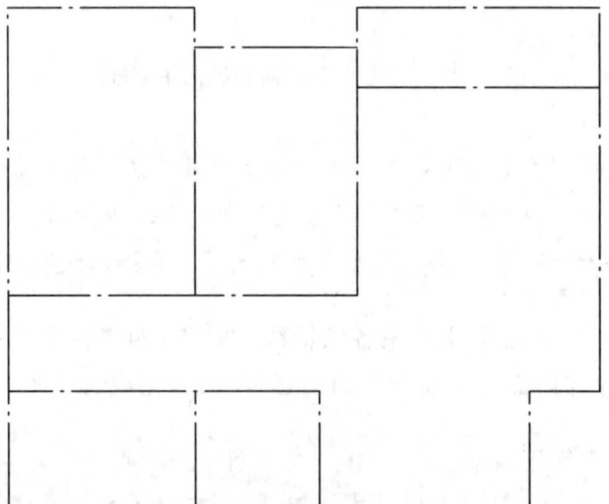

图 3-24　去掉中间冗余线条的轴网

任务三　绘制柱和墙体

一、绘制柱子

（一）选择图层

将“柱子”图层设为当前图层，如图 3－25 所示。

图 3－25　显示“柱子”为当前图层

（二）绘制与填充柱子

1. 绘制柱子

运行【矩形】命令 REC，绘制 E 轴线上 400×550、A 轴线上 400×450 的矩形柱，如图 3－26 所示。

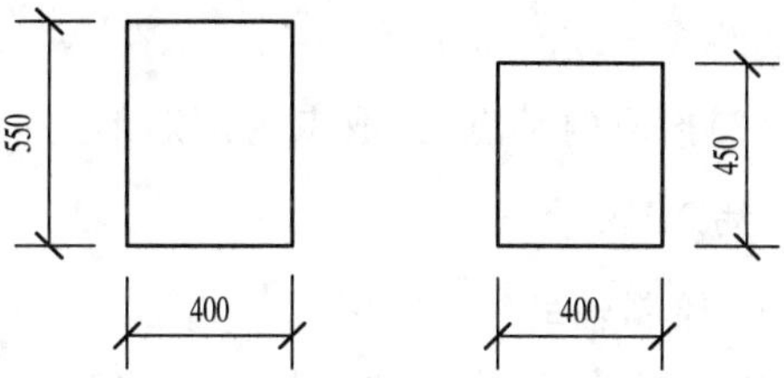

图 3－26　柱子

2. 填充柱子

（1）运行【图案填充】命令 H，打开【图案填充和渐变色】对话框，在“图案填充”选项卡中单击“图案”右边按钮，在弹出的对话框中选择名为“SOLID”的图案，如图 3－27 和图 3－28 所示。

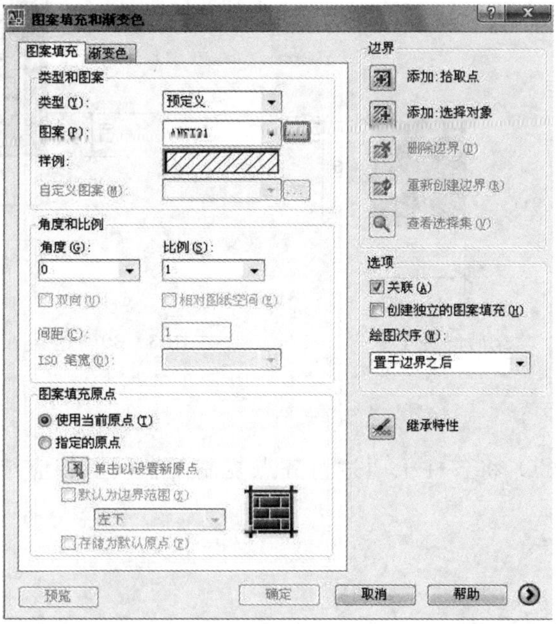

图 3－27　“图案填充及渐变色”对话框

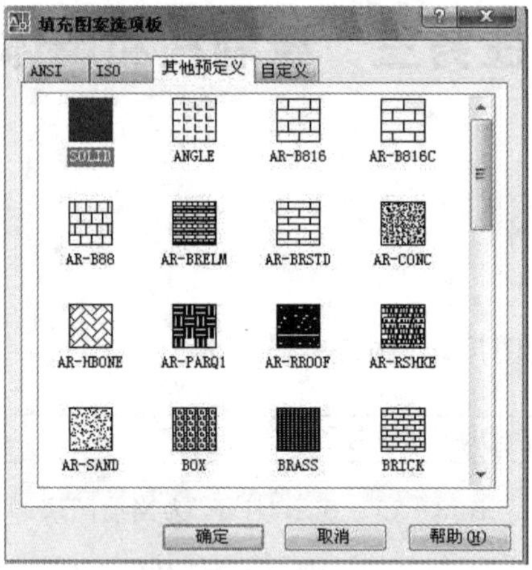

图 3－28　填充图案选项板

(2)拾取内部点,拾取点为两矩形内任意位置,后单击确定,结果如图 3－29 所示。

(三)插入柱子

1. 绘制辅助线

建立辅助线,找到柱子与轴线的对齐点。E 轴线上柱子对齐点为柱子的中心点,A 轴线上柱子对齐点如图 3－30 所示的辅助线的交点。

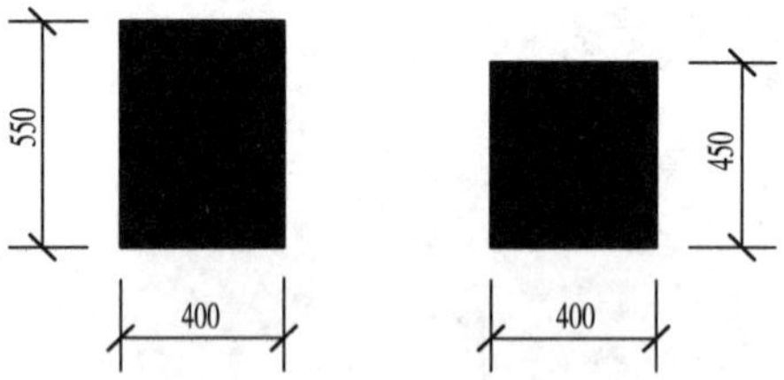

图 3－29　填充后的柱子

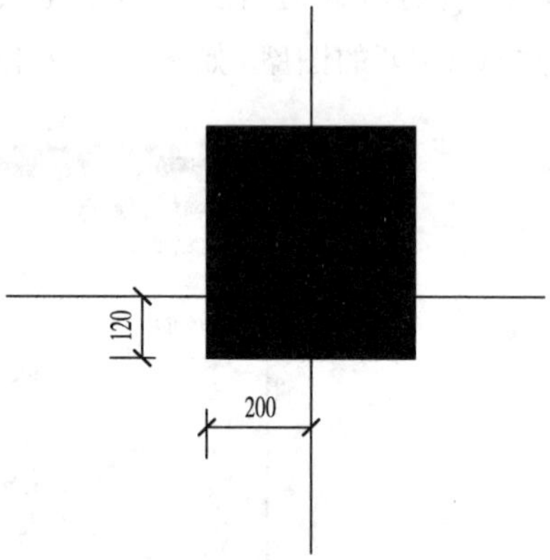

图 3－30　建立 A 轴上柱子的辅助线

2. 插入柱子

运行【复制】命令 CO,将各柱子通过对齐点复制至轴网上相应位置,如图 3－31 所示。

二、绘制墙体

(一)选择图层

将"墙体"图层设为当前图层。

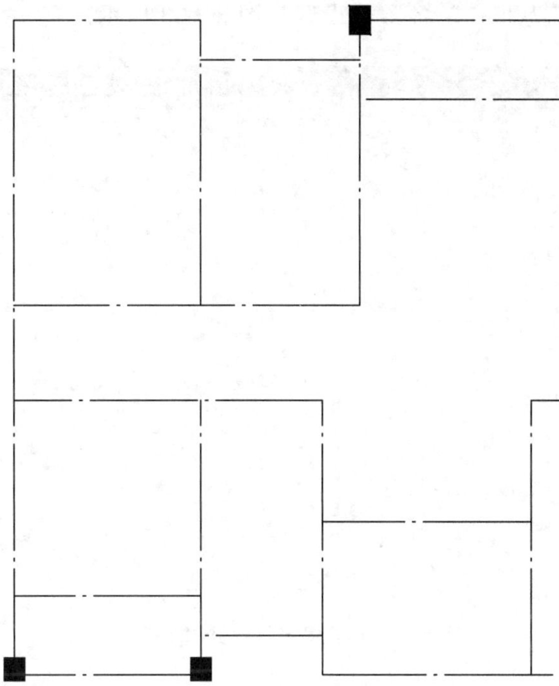

图 3-31　插入柱子后的轴网

(二)创建多线样式

1. 运行【多线样式】命令 MLSTYLE,或单击【格式】菜单中的【多线样式】命令,打开【多线样式】对话框,如图 3-32 所示。

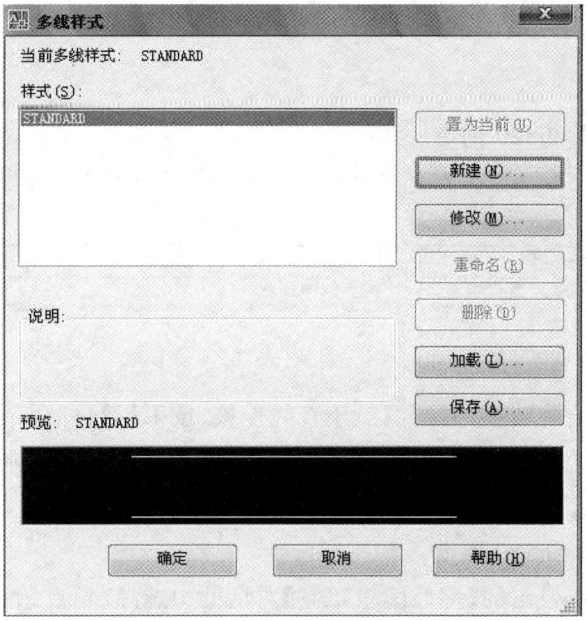

图 3-32　【多线样式】对话框

2. 新建多线样式，名为“240”，各参数设置如图 3－33 所示。

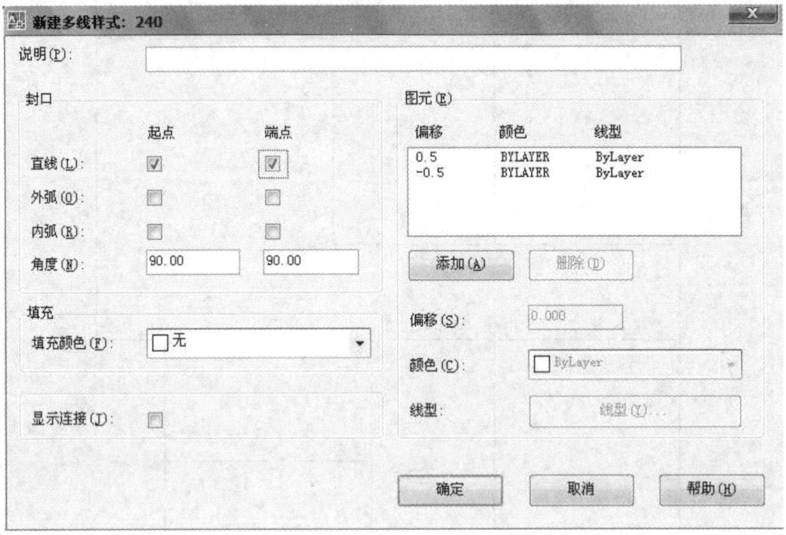

图 3－33　设置多线样式“240”

【小贴士】 图元有多种设置方法，一般采用以总偏移值为“1”和总偏移值为多线实际宽度这两种方法居多。图 3－33 所示图元的设置为第一种方法，采用该方法时，切记在绘制多线时应调整相应比例，如绘制 240 厚墙体时，比例设为“240”，绘制 120 厚墙体时，比例设为“120”；而采用第二种方法绘制 240 厚墙体时，图元的偏移设置应依次为“120、60、－60、－120”，总偏移值刚好为墙厚 240，但采用该方法时，切记在绘制多线时应调整比例为“1”。

（三）绘制墙体

1. 绘制 240 墙体和 120 隔墙

（1）运行【多线】命令 ML，“对正”“比例”“样式”设置如图 3－34 所示。

图 3－34　设置“多线”命令参数

（2）按图示尺寸绘制墙体，门窗洞口用直线连接（或采用“自”命令直接跳过）。

（3）绘制隔墙方法同上，除“比例”设置为 120，其他均与 240 墙体绘制相同。最终绘制结果如图 3－35 所示。

2. 编辑 240 墙体和 120 隔墙

双击多线墙体，在弹出的【多线编辑工具】对话框中选择“角点结合”“T 形打开”工具编辑墙体，如图 3－36 所示。

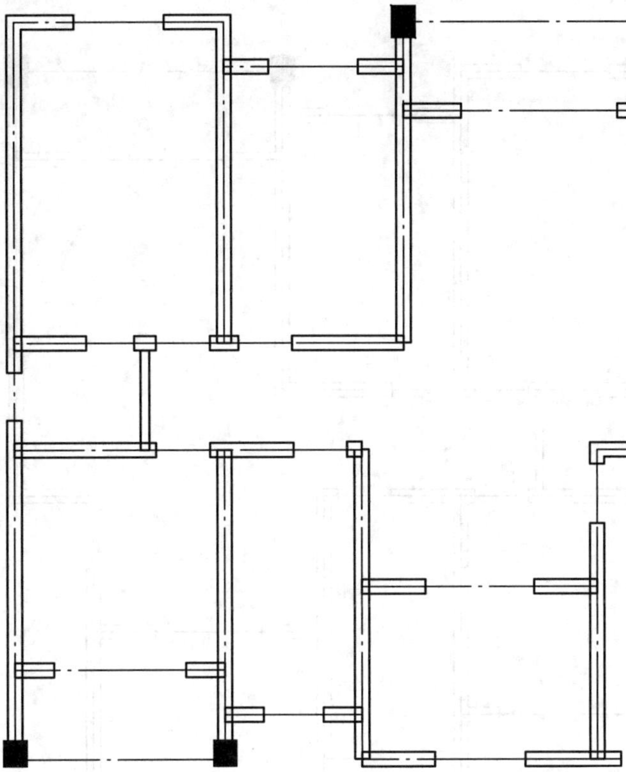

图 3－35　完成墙体绘制后的平面图

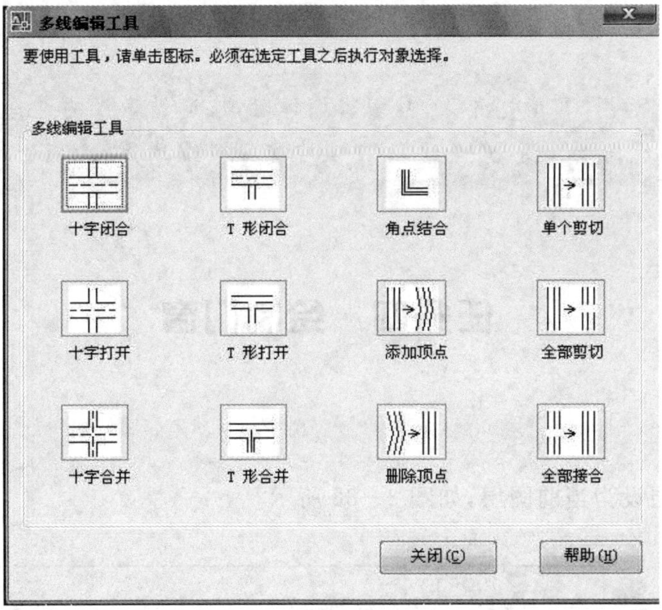

图 3－36　【多线编辑工具】对话框

墙体编辑结果如图 3－37 所示。

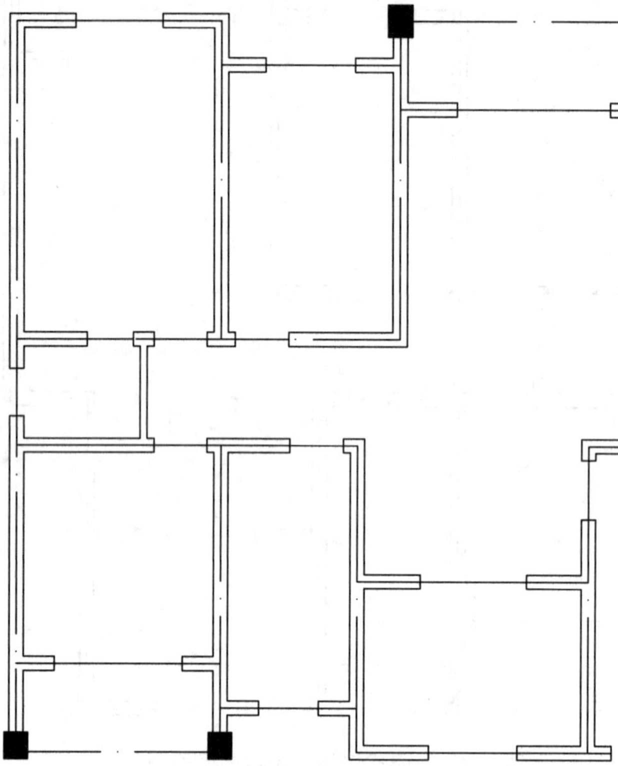

图 3－37　完成墙体编辑后的平面图

【小贴士】 运用“T 形打开”工具编辑墙体时，应遵循多线的选择顺序，第一条多线应为“T”形的纵向线。而“角点结合”工具在选择多线时没有顺序。

任务四　绘制门窗

一、选择图层

将“门窗”图层设为当前图层，如图 3－38 所示。

图 3－38　显示当前图层“门窗”

二、绘制门

(一)绘制 90°和 45°平开门

1. 绘制门

运用【矩形】命令 REC、【圆弧】命令 A、【修剪】命令 TR、【旋转】命令 RO 进行绘制,具体操作步骤略,结果如图 3-39 所示。

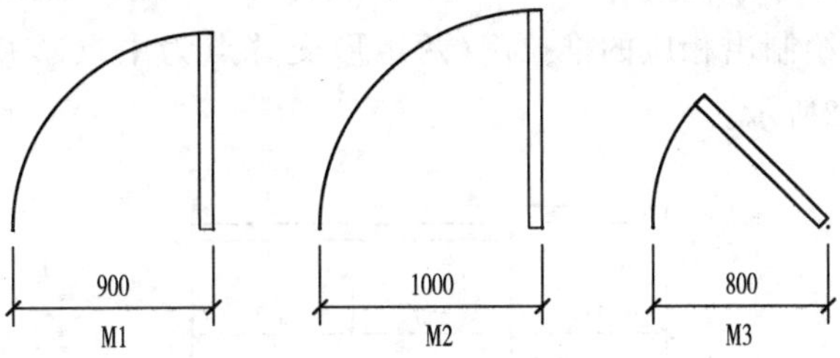

图 3-39　三种尺寸的平开门

【小贴士】 上图中 M1 和 M2 样式相同,只是尺寸有所区别,在绘制时只需绘出 M1 或 M2 其中一个门,然后运用【缩放】(SC)快捷键就可轻松得出另一个门。例如:先绘制出 M1,并进行复制,在运行缩放(SC)命令中输入缩放比例因子"10/9",然后修改下门扇的厚度便可绘制出 M2。

2. 插入门

运用【镜像】命令 MI、【复制】命令 CO、【移动】命令 M,将上述所绘平开门插入正确的位置,并删除门窗洞口连接线,如图 3-40 所示。

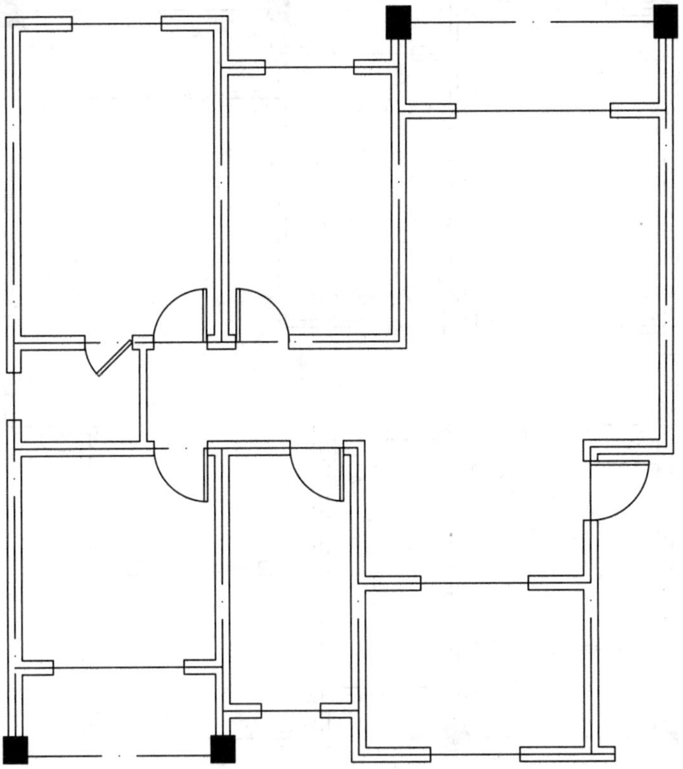

图 3-40　插入平开门后的平面图

（二）绘制推拉门

运用【矩形】命令 REC、【复制】命令 CO、【镜像】命令 MI，根据如图 3－41 所示的推拉门尺寸绘制出相应的推拉门（两矩形交叠点为中点），并插入至正确位置，插入平面图后如图 3－42所示。

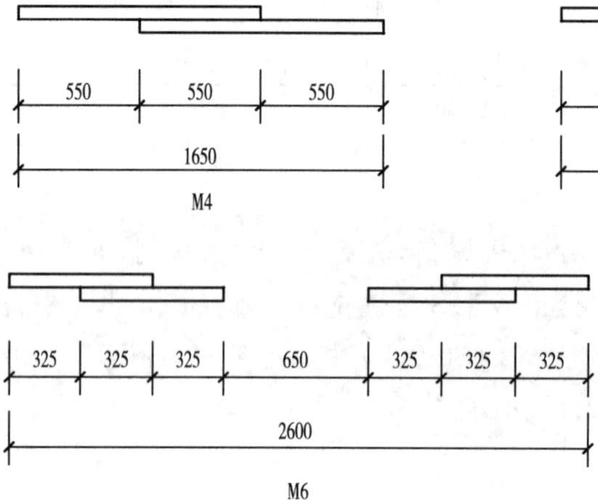

图 3－41　三种尺寸的推拉门

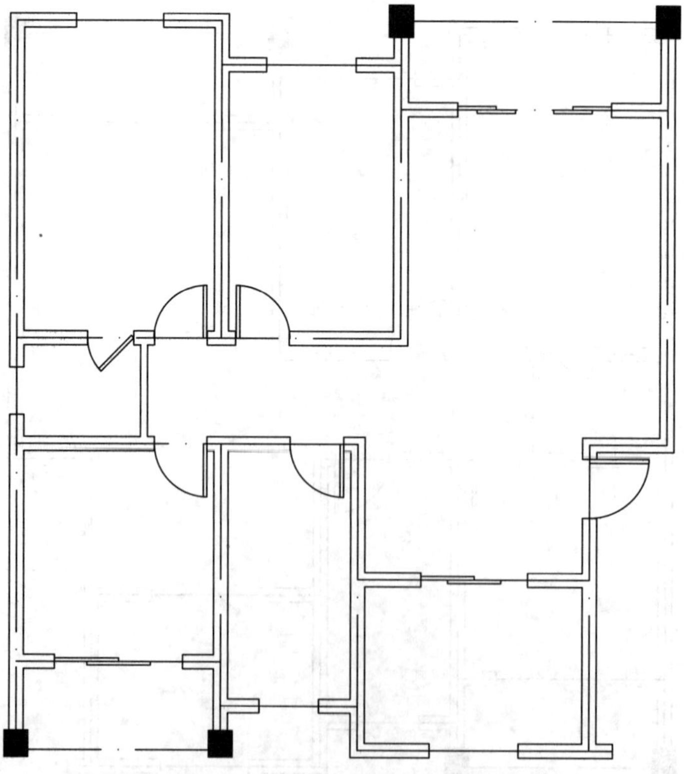

图 3－42　插入推拉门后的平面图

三、绘制窗

(一)绘制平面窗

1. 创建多线样式

(1)运行【多线样式】命令 MLSTYLE,或单击【格式】菜单中的【多线样式】命令,打开【多线样式】对话框,新建一多线样式,名为“窗”。

(2)在【图元】选项中点击“添加”按钮,添加新的偏移值,具体设置如图 3-43 所示。

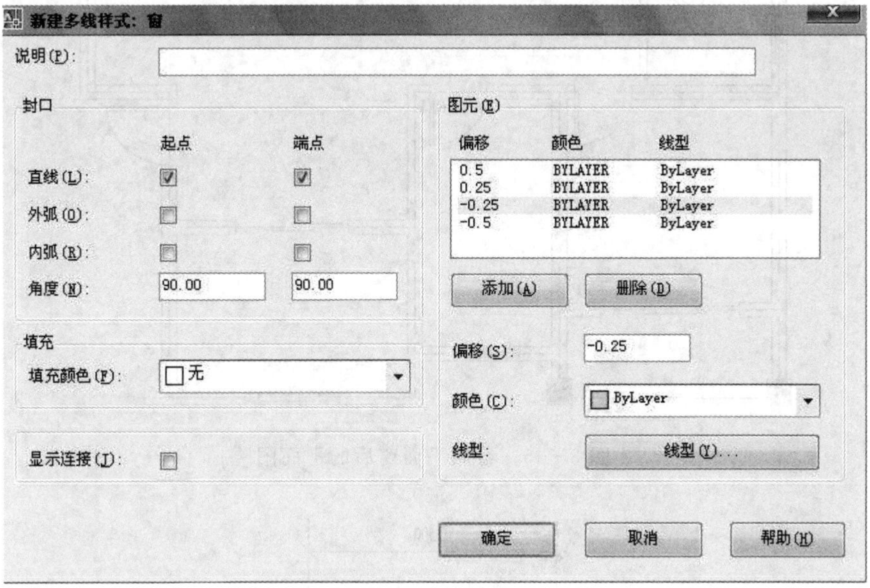

图 3-43　设置多线样式

2. 绘制平面窗

运行【多线】命令 ML,参数设置如图 3-44 所示,绘制出各平面窗,并删除窗洞口连接线,绘制结果如图 3-45 所示。

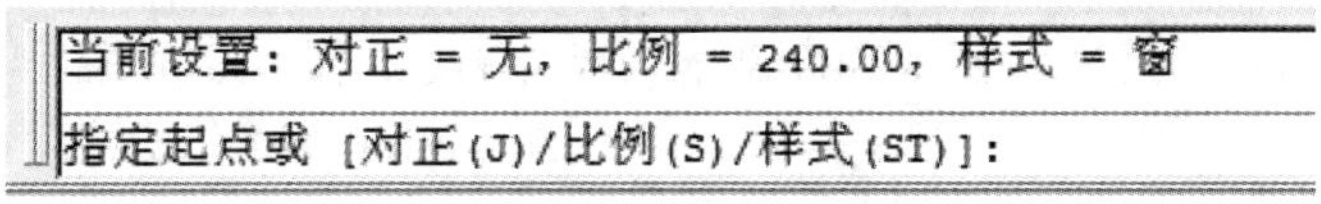

图 3-44　设置“多线”命令各参数

(二)绘制凸窗

1. 绘制凸窗的内轮廓线

运行【多段线】命令 PL,线宽设为 50,尺寸如图 3-46 所示。

2. 偏移内轮廓线

运行【偏移】命令 O,将内轮廓线依次向外偏移 40、80,结果如图 3-47 所示。

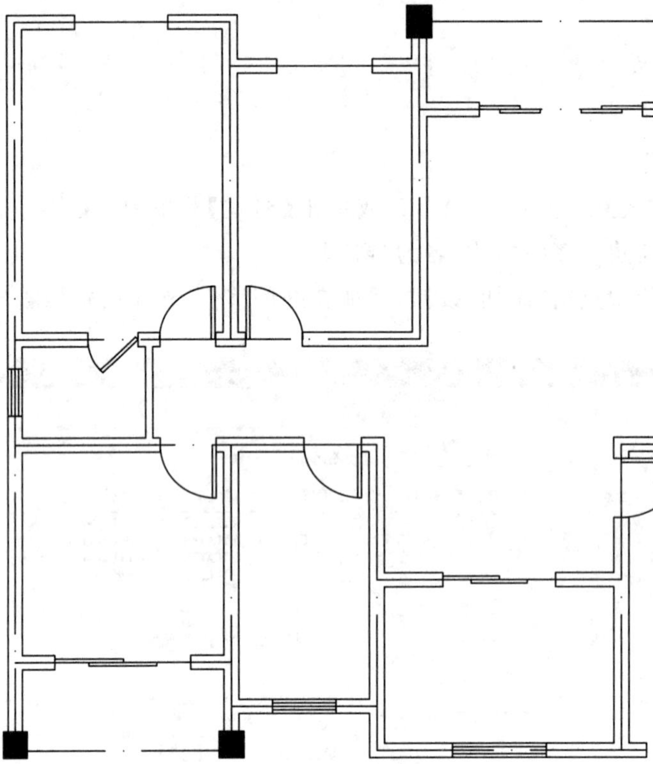

图 3－45　绘制平面窗后的平面图

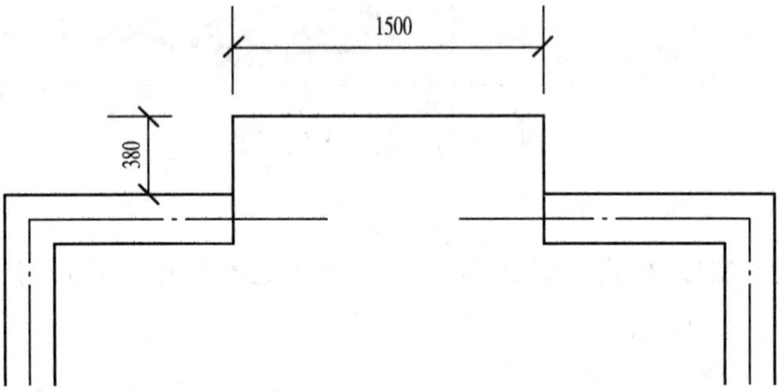

图 3－46　凸窗的内轮廓线尺寸

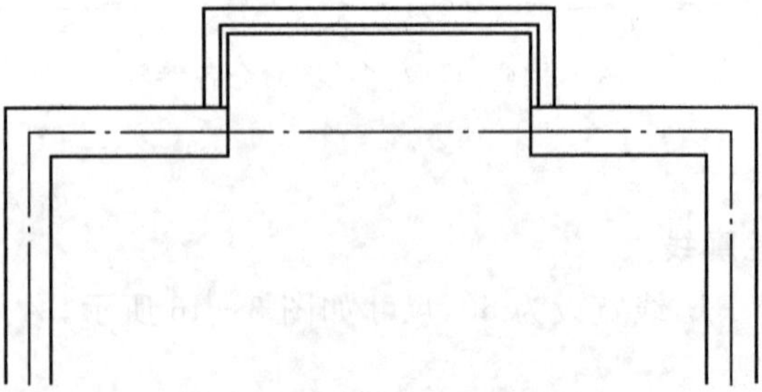

图 3－47　偏移内轮廓线后的凸窗

3. 绘制其他凸窗

按上述方法绘制其他凸窗，绘制最终结果如图 3－48 所示。

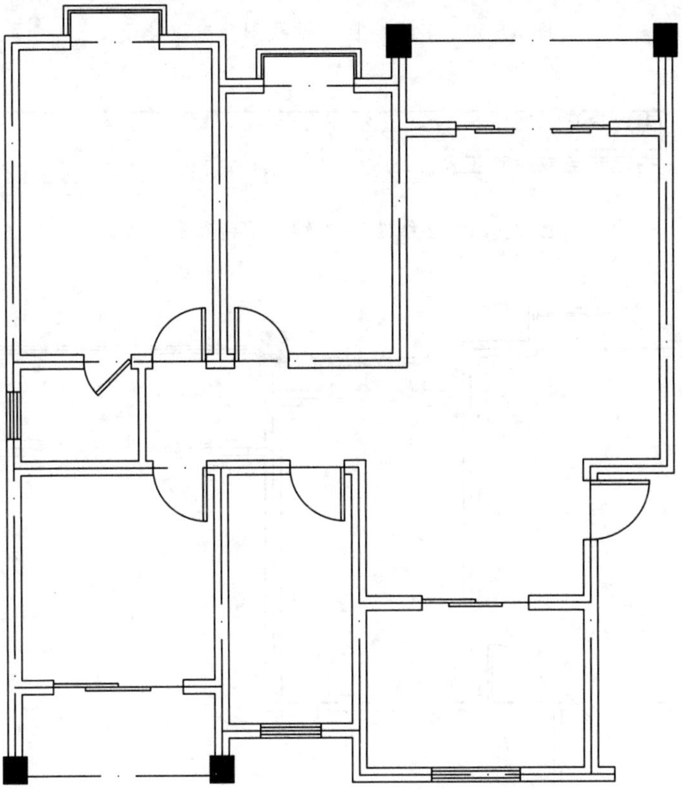

图 3－48　绘制完所有凸窗后的平面图

任务五　绘制楼梯及其他

一、绘制阳台和卫生间隔墙

(一)选择图层

将“楼梯及其他构配件”图层设为当前图层，如图 3－49 所示。

图 3－49　显示当前图层“楼梯及其他构配件”

(二)绘制阳台和隔墙

运行【多线】命令 ML 绘制阳台。E 轴线阳台设置如图 3－50 所示，A 轴线阳台设置如图 3－51 所示，卫生间隔墙设置同理。最后绘制结果如图 3－52 所示。

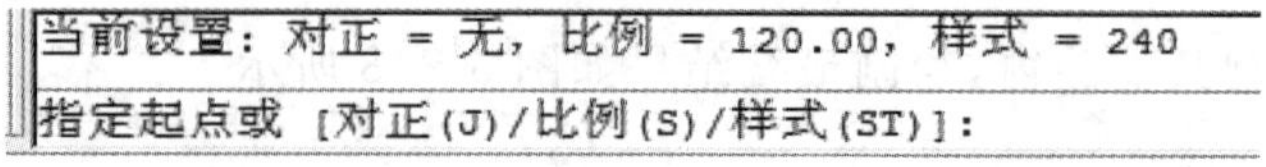
当前设置：对正 = 无，比例 = 120.00，样式 = 240
指定起点或 [对正(J)/比例(S)/样式(ST)]：

图 3－50　多线绘制 E 轴线阳台参数设置

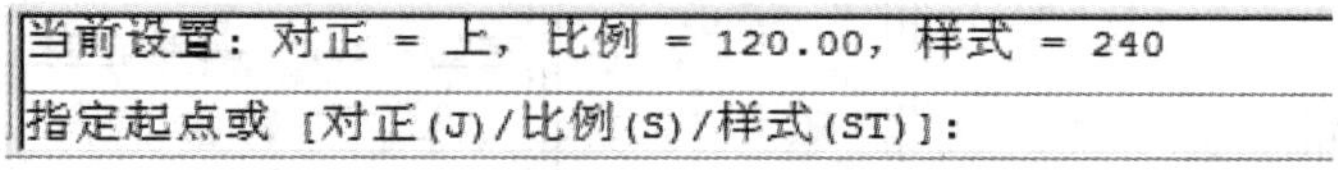
当前设置：对正 = 上，比例 = 120.00，样式 = 240
指定起点或 [对正(J)/比例(S)/样式(ST)]：

图 3－51　多线绘制 A 轴线阳台参数设置

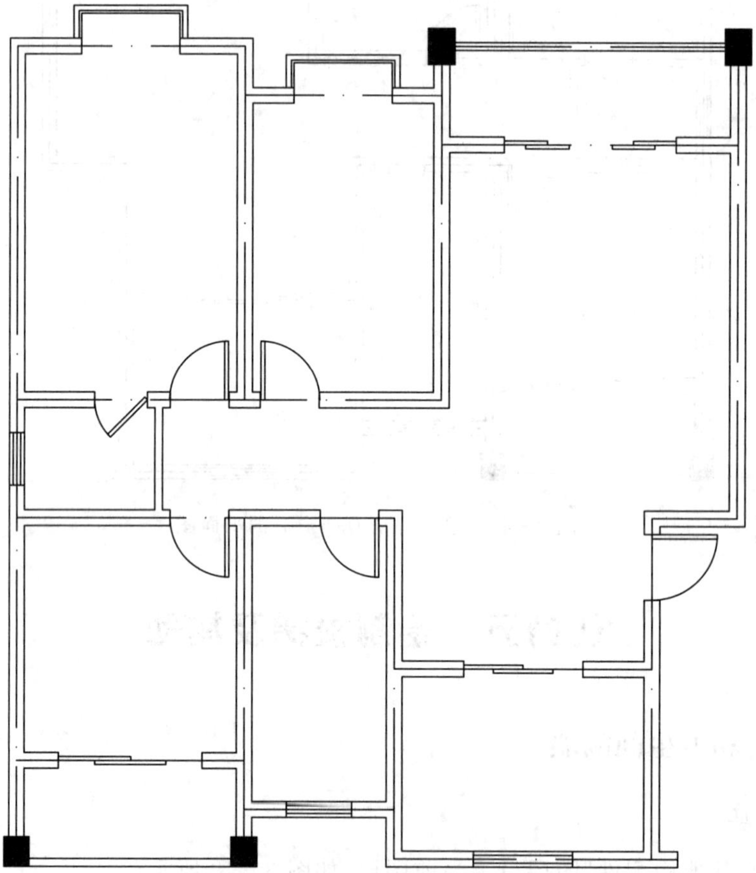

图 3－52　绘制完阳台和卫生间隔墙后的平面图

二、绘制楼梯

(一)镜像左半边平面图

将图 3－52 所示图形以最右侧纵向轴线为镜像线进行镜像，镜像出右半边平面图，并对镜像轴线所在墙体作必要的修剪和编辑，绘制结果如图 3－53 所示。

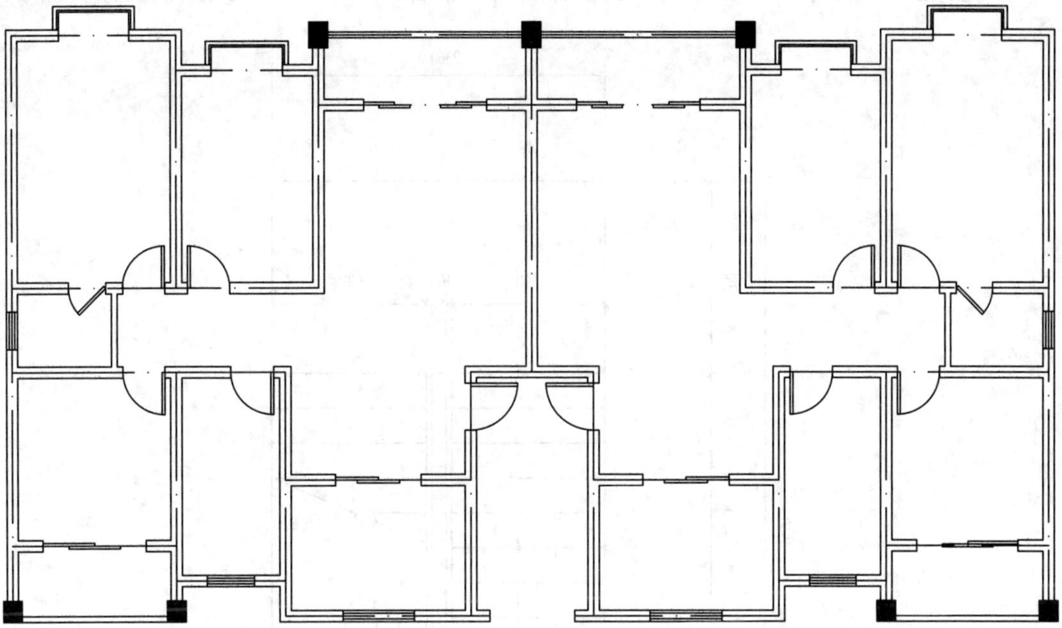

图 3-53　镜像后的平面图

(二)绘制楼梯

1. 运行【多段线】命令 PL,在图 3-53 所示平面图中用多段线沿楼梯周围墙的内侧绘制出楼梯的外轮廓线,并移出图外,如图 3-54 所示。

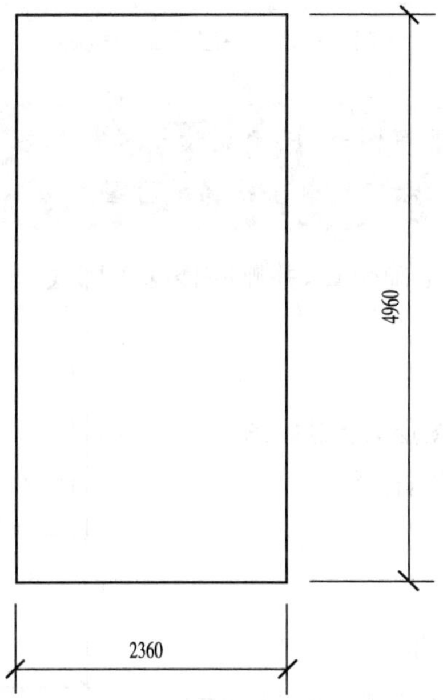

图 3-54　移出后的楼梯外轮廓线

2. 运用【项目二】所介绍的平行双跑楼梯绘制方法绘制图 3－55 所示楼梯，具体步骤略。

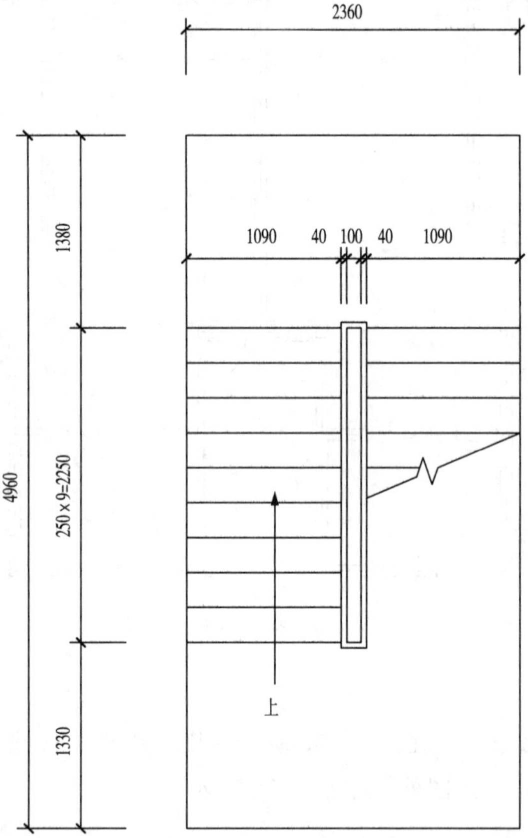

图 3－55　一层平面图楼梯

【小贴士】 绘制楼梯平面图时，必须熟读楼梯剖面图，严格按照剖面图中所示平台宽、踏步宽、踏步数等尺寸精确绘制出楼梯平面图。

3. 将楼梯移至平面图中正确位置，并删除楼梯轮廓线。

三、绘制楼梯门

将“门窗”图层设为当前图层，绘制如图3－56所示的入口大门并插入正确位置。

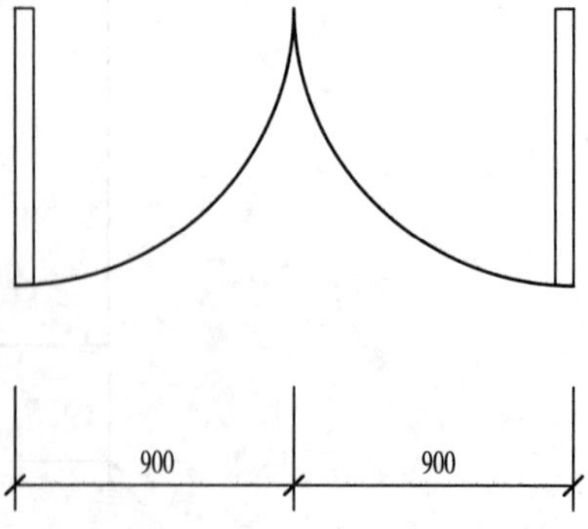

图 3－56　入口大门

四、绘制剖切线

(一)房屋建筑制图统一标准

剖视的剖切符号应由剖切位置线及剖视方向线组成，均应以粗实线绘制，剖切符号应符合下列规定：

（1）剖切位置线的长度宜为 6～10mm；剖视方向线应垂直于剖切位置线，长度应短于剖切位置线，宜为 4～6mm，绘制剖视剖切符号不应与其他图线相接触。

（2）剖视剖切符号的编号宜采用精阿拉伯数字，按剖切顺序由左至右、由上向下连续编排，应注写在剖视方向线的端部。

（二）绘制剖切线

运行【多段线】命令 PL，线宽度设为 100（粗实线 b=1.0mm，比例放大 100）绘制如图 3－57 所示剖切线。

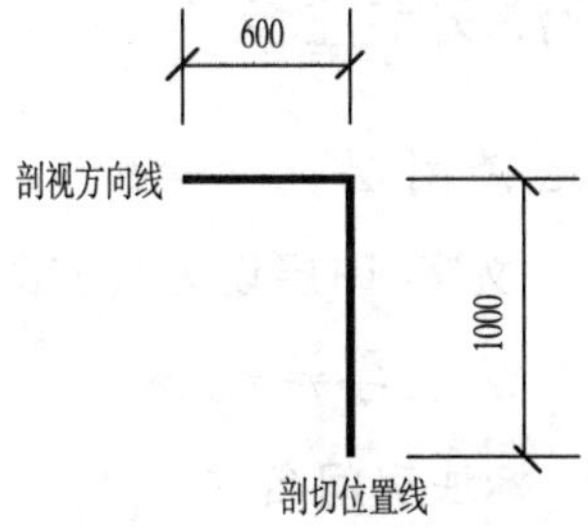

图 3－57　绘制剖切线标准

> **【小贴士】** 该建筑平面图采用了 1∶100 绘图比例，所以虽然《房屋建筑制图统一标准》中规定剖切位置为 6～10mm，但实际在 CAD 绘图环境中应绘制 600～1000mm。

最后绘制结果如图 3－58 所示。

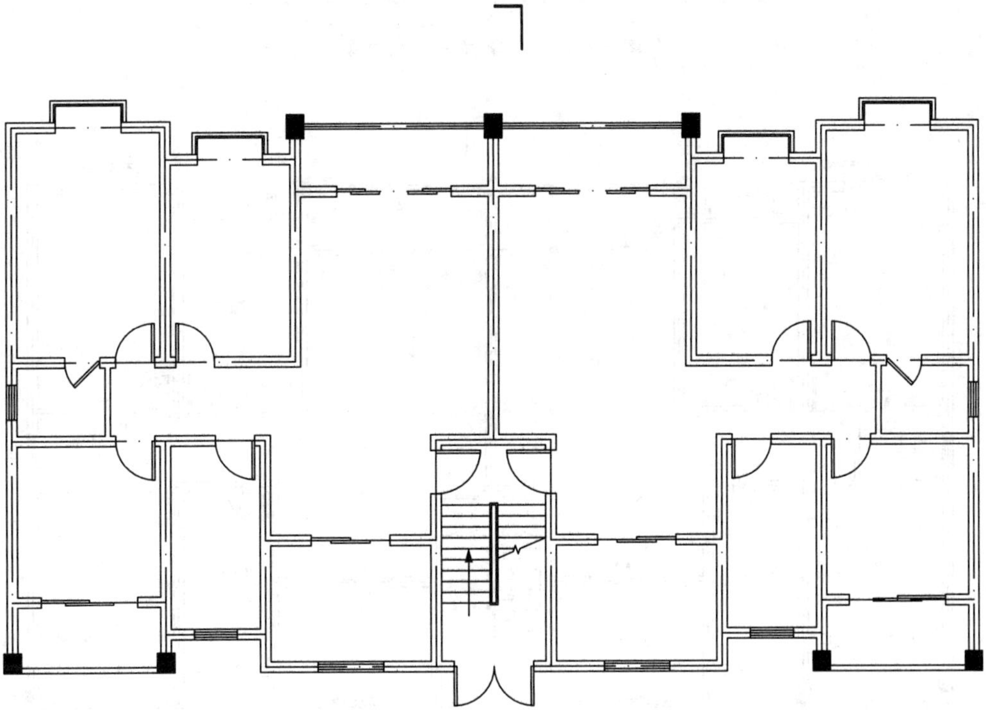

图 3－58　绘制楼梯、入口门和剖切线后的平面图

任务六　标注建筑平面图

本任务将为此平面图注明各房间功能，标注平面图的外部尺寸、内部尺寸以及轴线编号等内容，成为一张完整的建筑施工平面图。

一、标注文字注释

（一）选择图层

将“文字”图层设为当前图层。

（二）标注文字注释

1. 标注房间名称

运行【单行文字】命令 DT，输入样式参数“S”后确定，输入文字样式“350”，如图 3－59 所示。在左半边各房间合适位置输入房间名称，然后运行【镜像】命令 MI，镜像至右半边平面图，结果如图 3－60 所示。

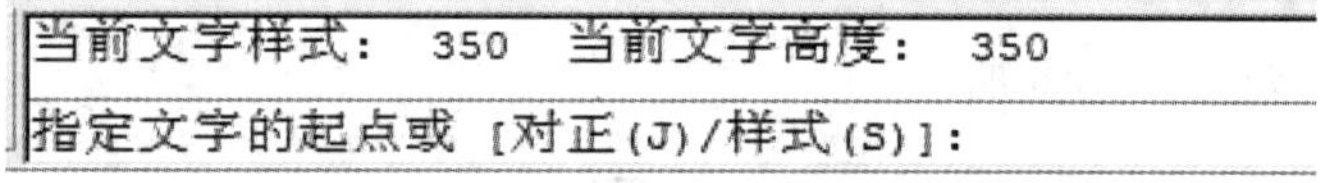

图 3－59　文字样式设置参数

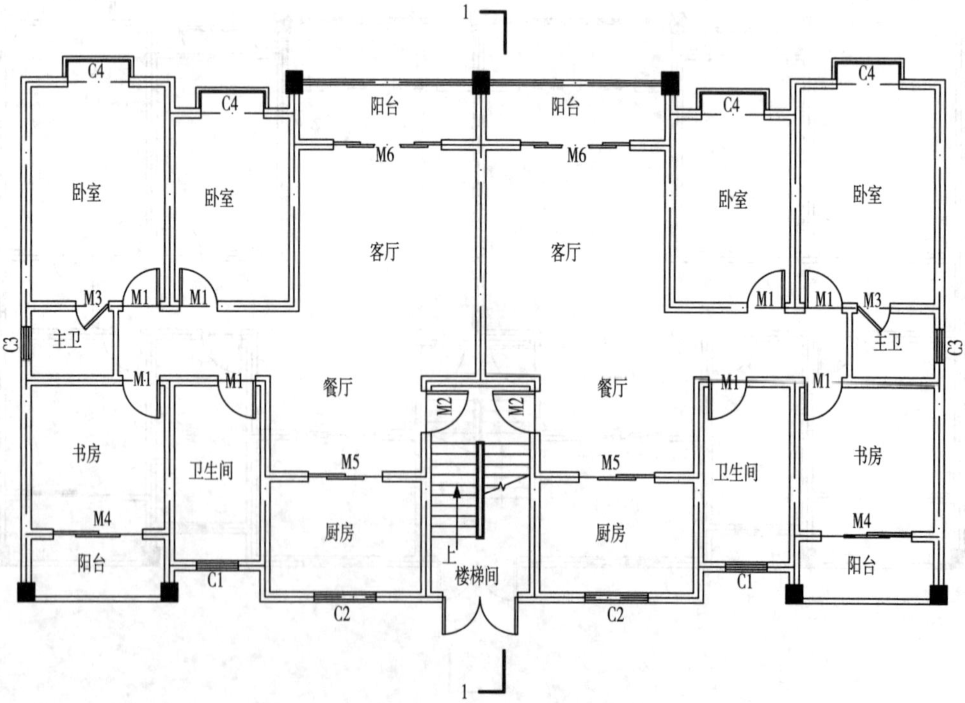

图 3－60　标注房间名称后的平面图

2. **标注图名及比例**

比例宜注写在图名的右侧，字的底线应取平；比例的字高，应比图名的字高小一号或二号。

运行【单行文字】命令 DT，设置文字样式为“700”，输入图名“一层平面图”，然后设置文字样式为“500”，输入比例“1∶100”，在图名及比例下面绘制两条粗实线，结果如图 3-61 所示。

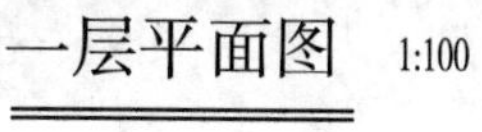

图 3-61　图名及比例

二、标注施工尺寸

（一）选择图层

将“尺寸”图层设为当前图层。

（二）标注施工尺寸

平面图尺寸标注包括三道，即细部尺寸、轴间尺寸、总尺寸。

运行【线性标注】命令 DLI，标注第一道尺寸，然后运行【连续标注】命令 DCO，快速标注其他尺寸，如图 3-62 所示。

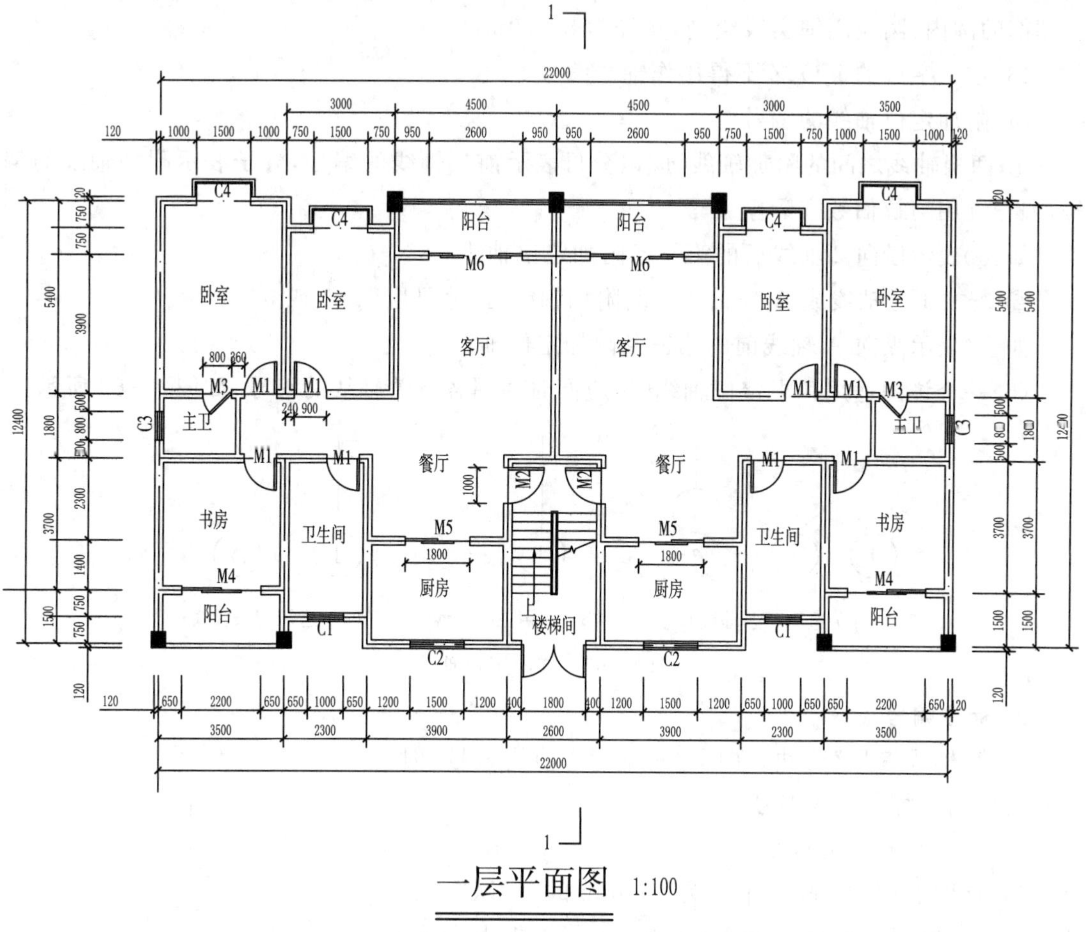

图 3-62　标注尺寸后的平面图

【小贴士】 为了使标注的尺寸整齐美观，标注时应严格按照绘图标准进行，尺寸界线的一端应离开图样轮廓线足够距离，外部尺寸必须得三道："细部尺寸""轴线尺寸""总尺寸"，相互平行的尺寸线间隔应保持一致。

三、标注轴线编号

(一)选择图层

将"尺寸"图层设为当前图层。

(二)标注轴线编号

1. 房屋建筑制图统一标准

(1)房屋的主要承重构件(墙、梁、柱等)，均用定位轴线确定基准位置，并进行编号。

(2)制图标准规定，平面图定位轴线的编号，宜标注在下方与左方。横向编号应用阿拉伯数字从左至右顺序编写，竖向编号应用大写拉丁字母，从下至上编写。编号应注写在轴线端部的圆内，圆应用细实线绘制，直径为 8～10mm。

(3)拉丁字母的 I、O、Z 不得用作轴线编号。

(4)附加定位轴线的编号

① 两根轴线之间的附加轴线，应以分母表示前一轴线的编号，分子表示附加轴线的编号，编号宜用阿拉伯数字顺序编写。

如：$\frac{1}{2}$表示横向 2 轴线后的第一条附加定位轴线。

② 若在 1 号轴线或 A 号轴线之前附加轴线时，分母应以 01 或 0A 表示。

如：$\frac{3}{0A}$表示纵向 A 轴线前的第三条附加定位轴。

(5)一个详图适用几根定位轴线时，应同时注明各有关轴线的编号，如图 3－63 所示。

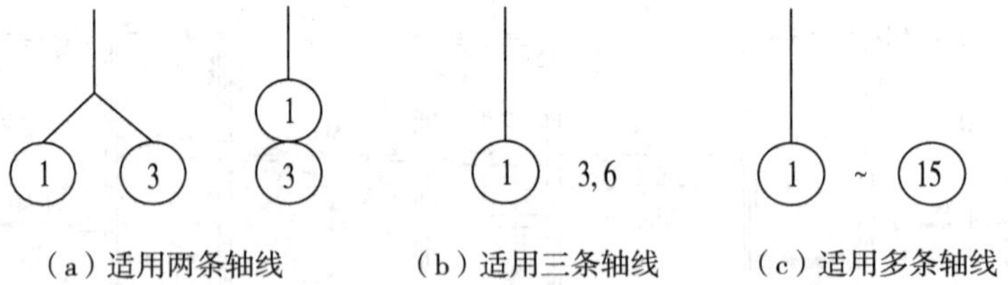

(a) 适用两条轴线　　(b) 适用三条轴线　　(c) 适用多条轴线

图 3－63　详图定位轴线

2. 标注编号

创建"轴线编号"图块，在图形中插入"轴线编号"时，用户可以输入每条轴线编号。

(1)设置块的定义属性

运行【圆】命令 C，画一半径为 400mm 的圆，以圆上象限点为起点绘制一根长为 1300mm(此数值可根据实际调整)的纵向直线，如图3－64所示。

图 3－64　未标编号的轴编

在【绘图】菜单中选择【块】/【定义属性】，弹出【属性定义】对话框，并在对话框中设置相关选项，如图 3-65 所示。

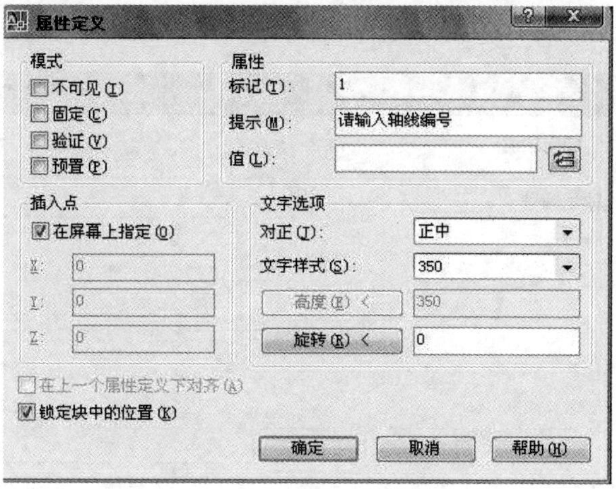

图 3-65 “属性定义”对话框

设置完成后，单击“确定”按钮，命令行提示“指定起点：”，拾取圆的圆心，效果如图 3-66 所示，并将“1”置为“文字”图层中。

图 3-66 定义好属性的轴编

(2)创建块

运行【创建块】命令 B，或在【绘图】菜单中选择【块】/【创建】，弹出【块定义】对话框，如图 3-67 所示。

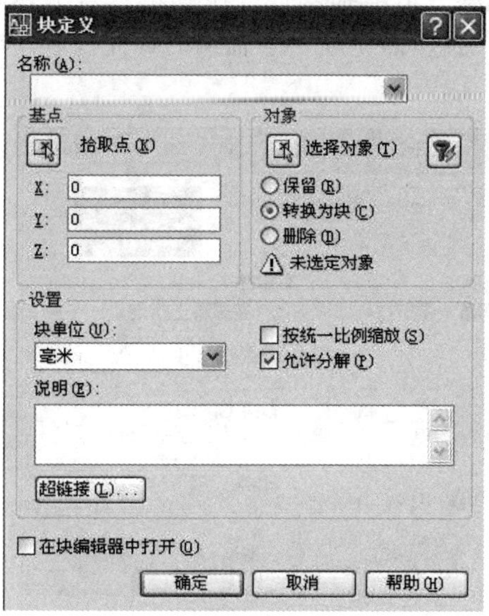

图 3-67 “块定义”对话框

命名图块名称为“横向轴编”，选择图 3－66 所示图形为块对象，捕捉直线的最上端为基点，单击“确定”按钮，然后弹出【编辑属性】对话框，在“请输入轴线编号”右侧输入“1”，如图 3－68 所示。

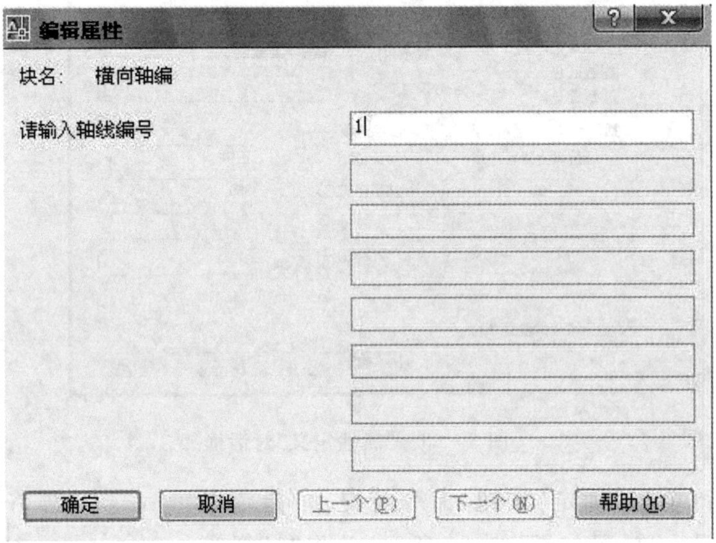

图 3－68 “编辑属性”对话框

(3)插入块

运行【插入块】命令 I，弹出如图 3－69 所示对话框，选择名为“横向轴编”的块，单击确定。命令行提示“指定插入点”，拾取轴线标注所在的尺寸界限的端点，在弹出如图 3－70 所示的输入框中输入“1”后确定，即完成 1 号轴编的标注。

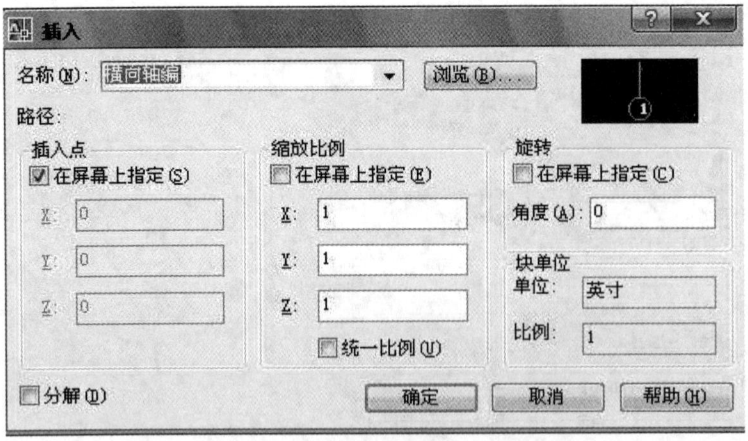

图 3－69 “插入块”对话框

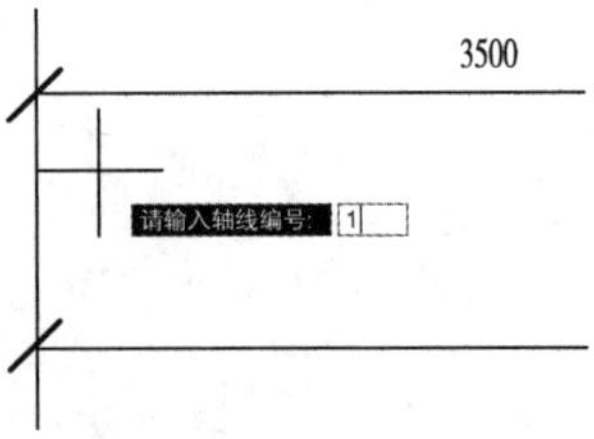

图 3－70 插入轴编提示

其他轴线标注类同，结果如图 3－71 所示。

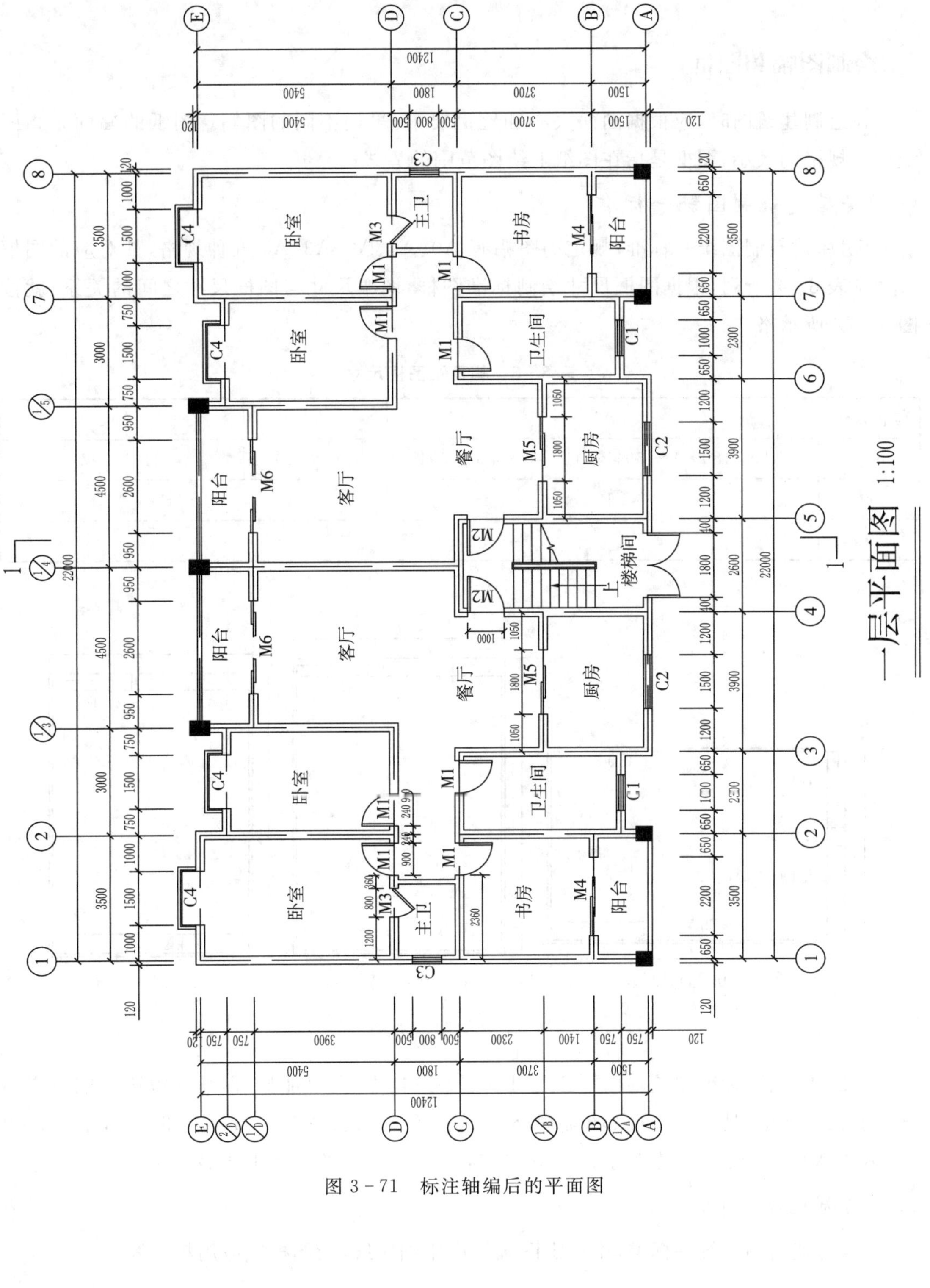

图 3－71 标注轴编后的平面图

任务七 绘制图幅、图框、标题栏和会签栏

一、绘制图幅和图框

在绘制建筑图时，应根据图面大小和比例要求，采用不同的图幅。图纸的幅面是指图纸尺寸规格的大小，图框是指在图纸上绘图范围的界线。

（一）房屋建筑制图统一标准

《房屋建筑制图统一标准》规定的图幅有 A0、A1、A2、A3、A4 五种规格，其对应的图框尺寸见表 3－3 所列，根据图框尺寸绘制标准图框，图幅尺寸与图框尺寸之间的关系，就按图 3－72 所示格式。

表 3－3 幅面及图框尺寸

幅面尺寸	A0	A1	A2	A3	A4
b×l	841×1189	594×841	420×594	297×420	210×297
c	10			5	
a	25				

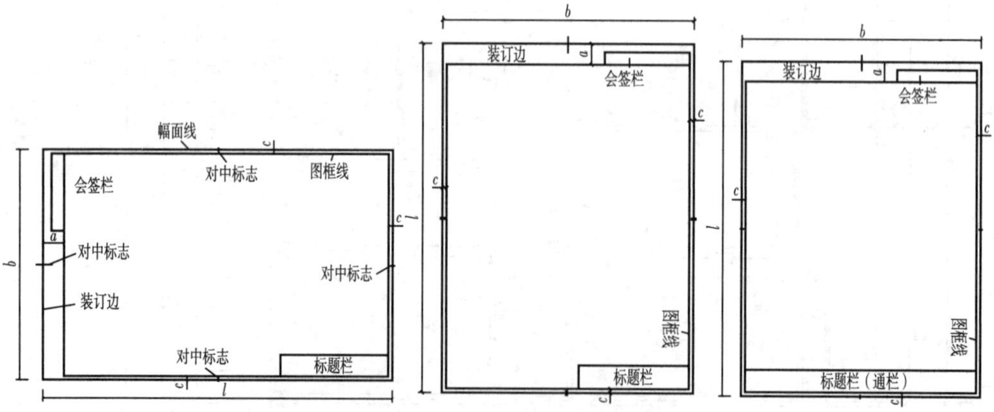

（a）A0—A3横式幅面　（b）A0—A3立式幅面　（c）A4立式幅面

图 3－72 图幅格式

当图幅较长，标准图幅幅面不够时，图幅长边（L 边）可以加长，但图幅短边一般不应加长。加长尺寸根据图纸长度及图幅规格，可按 1/8、1/4、1/2、3/4、1 等比例进行加长。例如，标准 A2 号图纸图幅尺寸为 420mm×594mm，加长一半的尺寸是 420mm×891mm。

（二）绘制图幅、图框

《房屋建筑制图统一标准》中规定图幅线应用细实线，而图框线应用粗实线。

1. **绘制图幅**

将“图幅、图框”图层设为当前图层运行【矩形】命令 REC，绘制一矩形，左下角点为任意点，右上角点设为(@42000,29700)。

2. **绘制图框**

(1)运行【偏移】命令 O，将图幅根据标准规格往里偏移 500mm，得到图框。

(2)运行【拉伸】命令 S，从右往左选择图框左半边，基点为左侧线的中点，水平往右拉伸 2000 后确定，具体操作界面如图 3-73 所示。

图 3-73 “拉伸”操作界面

(3)运行【矩形】命令 REC，调出宽度(W)参数，重设为 50，如图 3-74 所示，左下角点和右上角点与图框保持一致。结果如图 3-75 所示。

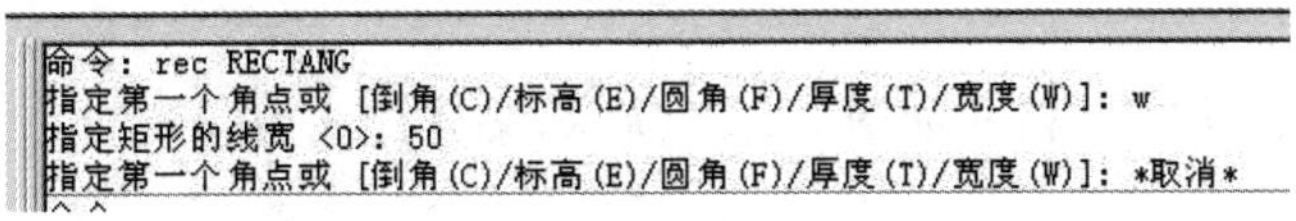

图 3-74 矩形宽度设置

二、绘制标题栏和会签栏

(一)绘制标题栏

图纸的标题栏的大小及格式如图 3-76 所示，“学校名称、图名、图号”字体样式为“500”，其他为“350”。

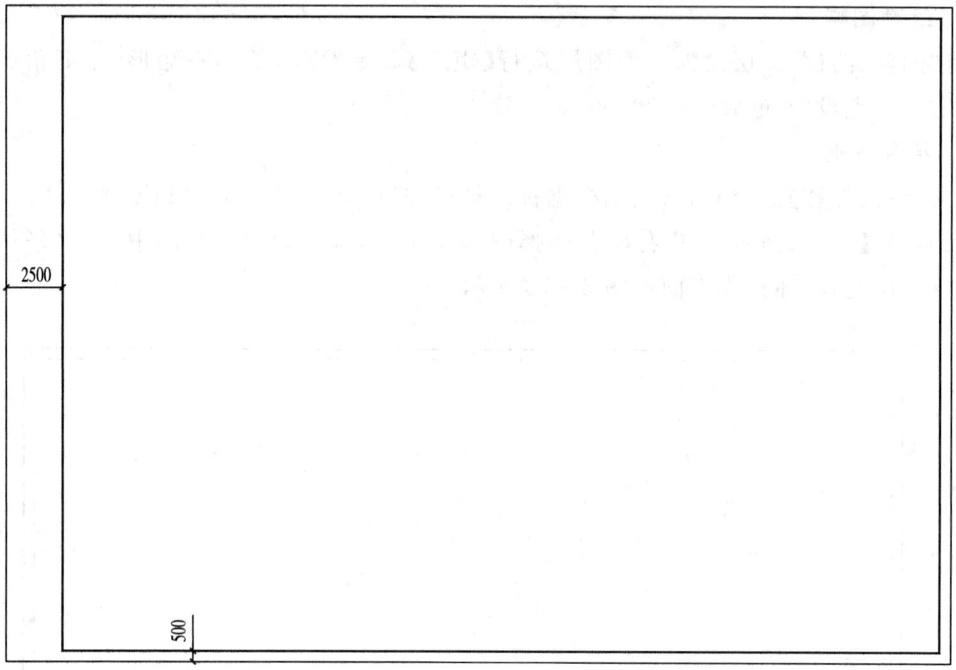

图 3－75　设置好的图幅、图框

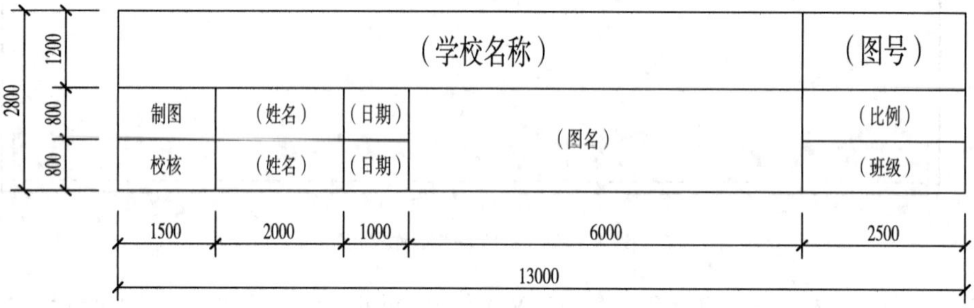

图 3－76　标题栏

（二）绘制会签栏

图纸的会签栏的大小及格式如图 3－77 所示，字体样式为“350”。

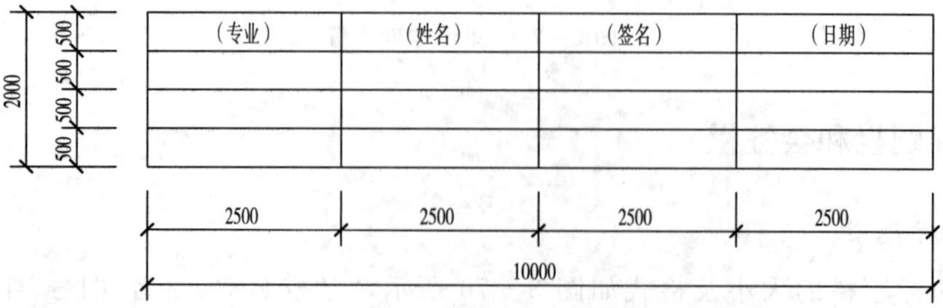

图 3－77　会签栏

运行【旋转】命令 RO，将基点定位为会签栏左下角点，打开“正交”模式逆时针旋转 90°。

将绘制好的标题栏和会签栏插入正确位置，最终结果如前面图 3-1 所示。将此文件另存为“建筑施工图 .dwt”。

本项目小结

本项目介绍了绘制建筑平面图的基本流程和步骤，结合《房屋建筑制图统一标准》详细地讲解了平面图中轴网、柱、墙体、门窗、标注、楼梯等部件的绘制过程和技巧，包括墙体绘制和编辑、块创建和插入、属性定义、快速标注等操作。

绘图时，要求读者注意的是：

1. 设置图层时，注意线宽的设置，必须满足国家制图标准；
2. 对轴编要定义属性，并创建成块；
3. 标注尺寸时，重点注意标注样式的设置，必须符合国家制图标准；
4. 绘图中尽量利用命令快捷键，提高绘图速度。

同步测试

一、选择题

1. 当前图层（　　）被关闭，（　　）被冻结。
   A. 不能，可以　　B. 不能，不能　　C. 可以，可以　　D. 可以，不能
2. 下面哪个图层的名称不能被修改或删除。（　　）
   A. 标准层　　B. 0 层　　C. 未命名的层　　D. 缺省的层
3. 在创建块时，在块定义对话框中必须确定的要素为（　　）。
   A. 块名、基点、对象　　B. 块名、基点、属性
   C. 基点、对象、属性　　D. 块名、基点、对象、属性
4. 要建立一个 AutoCAD 新文件，图形界限的默认值是（　　）。
   A. 297×210　　B. 420×297　　C. 594×420　　D. 841×594
5. 在建立平面图中墙体和尺寸图层时，相对应的线宽设置应为（　　）。
   A. b、$0.5b$　　B. b、$0.25b$　　C. $0.5b$、$0.25b$　　D. $0.5b$、$0.5b$
6. 用多线命令绘制墙体，在设置多线样式时，应设置的图元偏移值应依次为（　　）。
   A. 0.5；－0.5　　B. 0.5；0；－0.5
   C. 0.5；0.25；－0.25　　D. 0.5；0.25
7. 用多线编辑工具编辑墙体时，在选择墙体上没有先后顺序的工具是（　　）。
   A. T 形打开　　B. T 形打开和角点结合

C. T 形合并　　　　　　　　D. 角点结合

8. 图案填充操作中(　　)。

A. 只能单击填充区域中任意一点来确定填充区域

B. 所有的填充样式都可以调整比例和角度

C. 图案填充可以和原来轮廓关联或者不关联

D. 图案填充只能一次生成，不可以编辑修改

9. 在定义块属性时，要使属性为定值，可选择(　　)模式。

A. 不可见　　B. 验证　　C. 固定　　D. 预置

10. 如果在一个线性标注数值前面添加正负符号，则应用哪个命令(　　)。

A. %%C　　B. %%P　　C. %%D　　D. %%%

二、问答题

1. 图纸幅面有几种规格？标题栏、会签栏画在图纸什么位置？

2. 什么是图层？设置图层有什么好处？

3. 块主要有哪些作用？创建一个带属性块的步骤是什么？

4.《房屋建筑制图统一标准》中，对尺寸标注操作具体有哪些要求？

项目四　建筑立面图的绘制

学习目标

知识目标

- 了解建筑立面图的用途、形成和内容
- 掌握《房屋建筑制图统一标准》中的绘图标准以及立面图中各种元素的表示方法
- 掌握建筑立面图的绘制流程、绘制方法和绘制技巧

能力目标

- 能应用各类命令快捷键快速绘制出立面框架、立面门窗及阳台等元素，并进行尺寸和文字标注
- 能处理好各种绘图元素与《房屋建筑制图统一标准》的对应关系

建筑立面图主要用于表达房屋建筑的外形和外墙面装饰材料及颜色的要求，是建筑物施工中进行高度控制的依据。房屋有多个立面，通常把反映房屋的主要出入口及反映房屋外貌主要特征的立面图称为正立面图，其余的立面图相应地称为背立面图和侧立面图。本项目将以绘制如图 4－1 所示的某居民楼建筑正立面图为例，学习建筑立面图的绘制方法和具体的绘制技巧。

任务一　绘制立面框架线

组成立面图的主要框架线有立面墙体轮廓线、立面门窗外轮廓线。

一、定位轴线、立面墙体轮廓线、立面门窗外轮廓线

打开项目三“建筑施工图.dwt”文件。

(1)新建一图层，命名“轮廓线”，颜色为白色，线型为实线，线宽为 0.25mm。

(2)运行【构造线】命令 XL，分别在“轴网”图层下、“轮廓线”图层下、“门窗”图层下，根据平面图定位出①号和⑧号轴线、立面墙体和柱子轮廓线、立面门窗外轮廓线，如图 4－2 所示。注：轮廓线只需定位左半边，右半边可运行【镜像】命令 MI，以㉔轴为对称轴镜像得到。

此时，轴线为红色，正立面外墙及柱子可视轮廓线为白色，门窗外轮廓线为青色。

【小贴士】 在不同的图层下定位框架线，可以使各种框架线具有不同颜色，这样确保后面的操作不会造成线条混淆，提高作图速度。

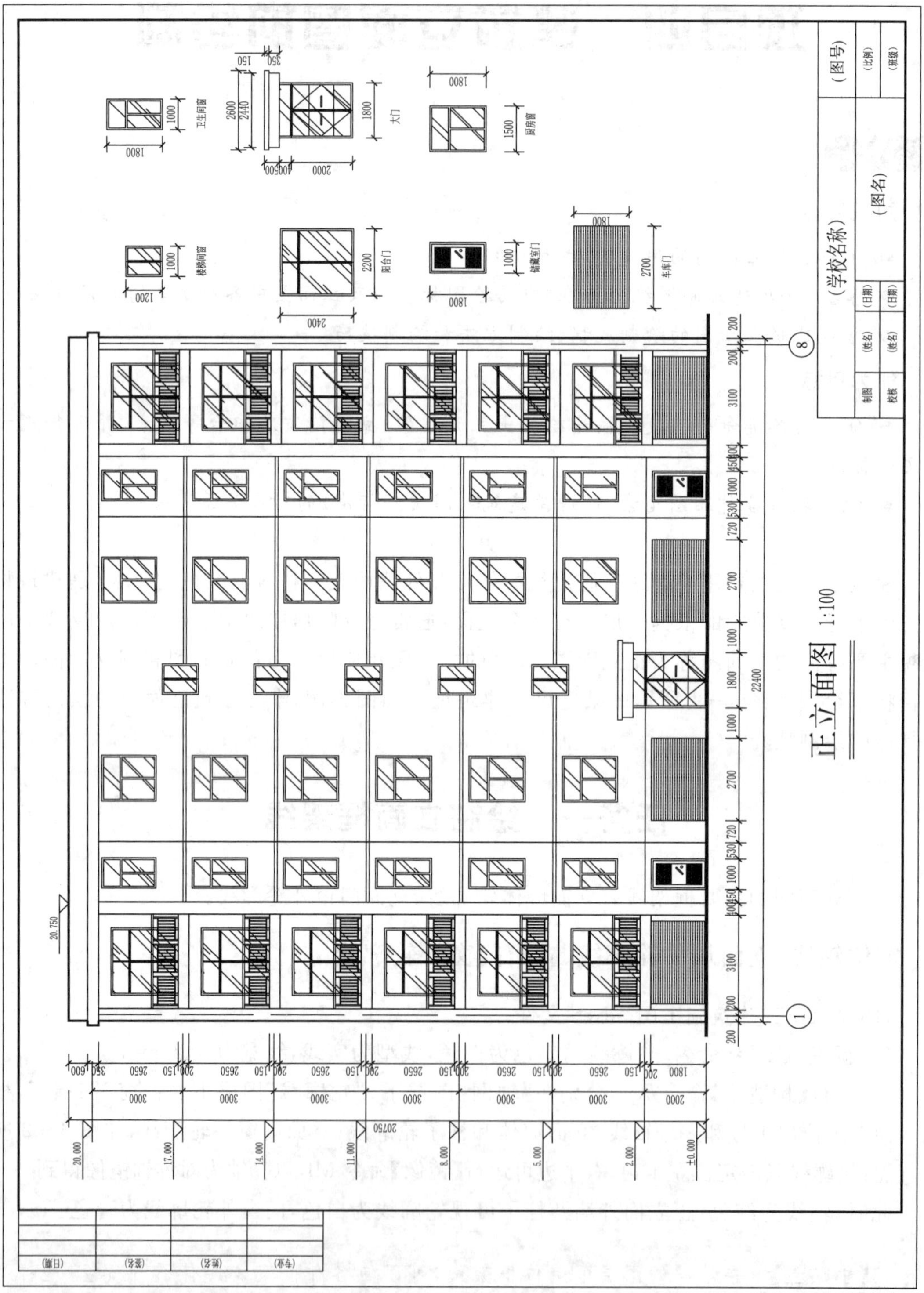

图4-1 某居民楼正立面图

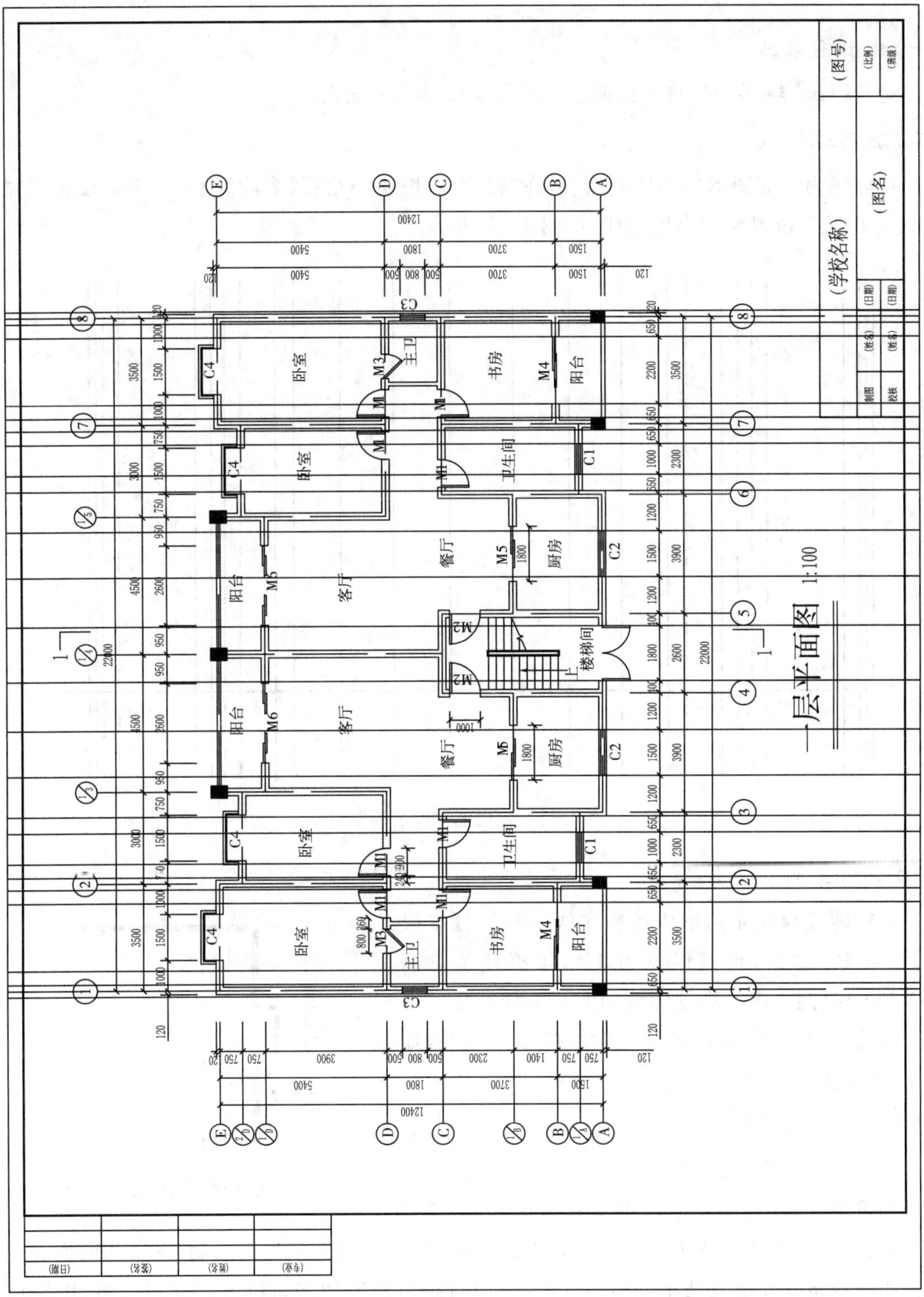

图4-2 轴线、立面墙体轮廓线、立面门窗外轮廓线的定位

二、编辑轴线、立面墙体轮廓线、立面门窗外轮廓线

(一)移出框架线

运行【移动】命令 M,将上述所绘制的框架线移出平面图。

(二)绘制地坪线

地坪线为立面图形中的特粗实线,在"轮廓线"图层下运行【多段线】命令 PL,设置线宽为 200,在适当位置绘制出地坪线,如图 4-3 所示。

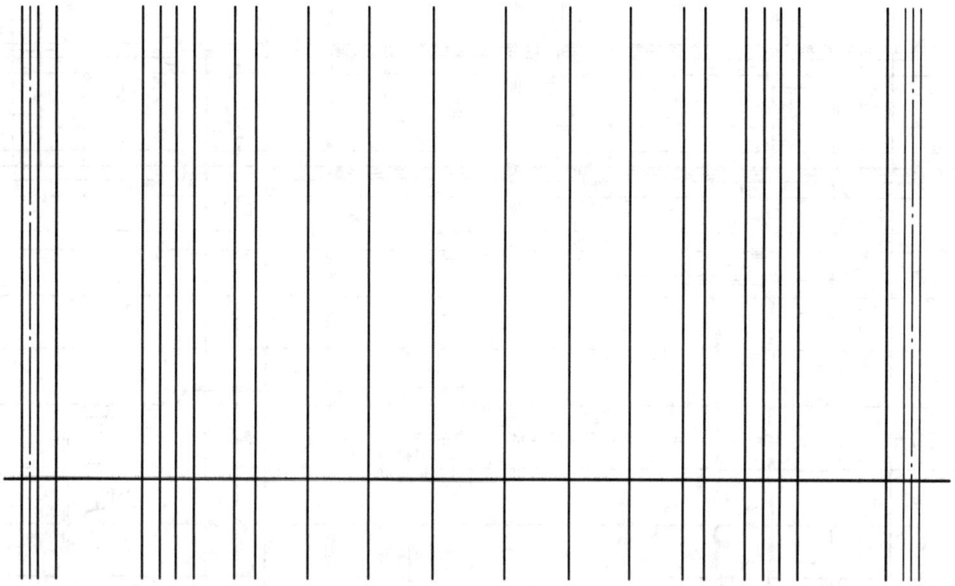

图 4-3　特粗地坪线的绘制

(三)绘制立面四周轮廓线

外轮廓线为立面图形中的粗实线,同样用【多段线】命令 PL 绘制,设置线宽为 100,根据建筑总高(20.75m)绘制立面四周轮廓线和女儿墙处凸出外墙的轮廓线,最后修剪掉超出外轮廓线的多余线条,如图 4-4 和图 4-5 所示。

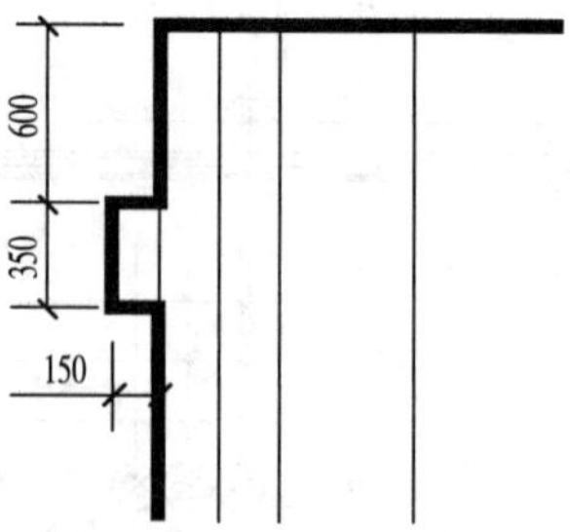

图 4-4　女儿墙凸出外墙的轮廓线

(四)绘制内轮廓线

内轮廓线为除立面四周轮廓线以外的立面墙体、柱子的可视线,在立面图中以中实线表示。运行【多段线】命令 PL,设置线宽为 50,沿着框架定位线中颜色为白色的线条绘制,并用相同设置的多段线命令将女儿墙处凸出外墙的轮廓线进行连接,修剪掉多余线条,关闭"门窗"图层后效果如图 4-6 所示。

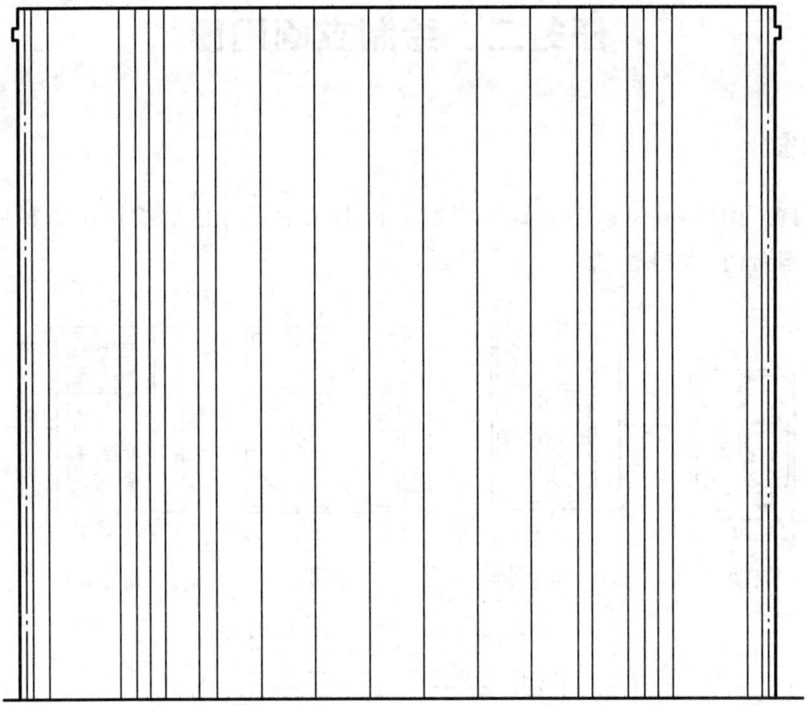

图 4-5　绘制立面四周轮廓线后的立面图

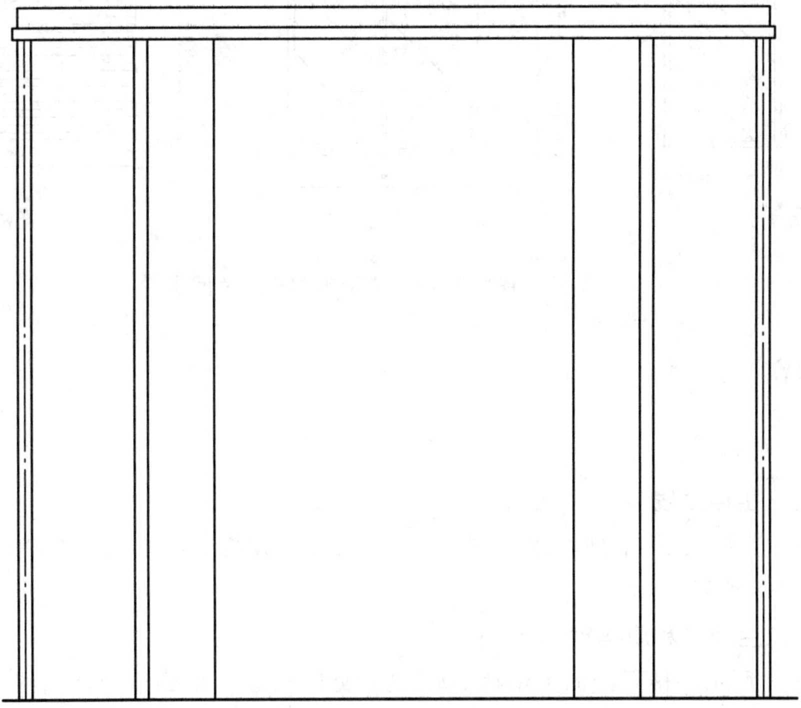

图 4-6　绘制内轮廓线后的立面图(关闭“门窗”图层)

任务二　绘制立面门窗

一、绘制门窗

打开“门窗”图层，并将该图层置为当前。根据图示尺寸依次绘制出楼梯间窗、卫生间窗、厨房窗、阳台门、大门等，如图 4－7 所示。

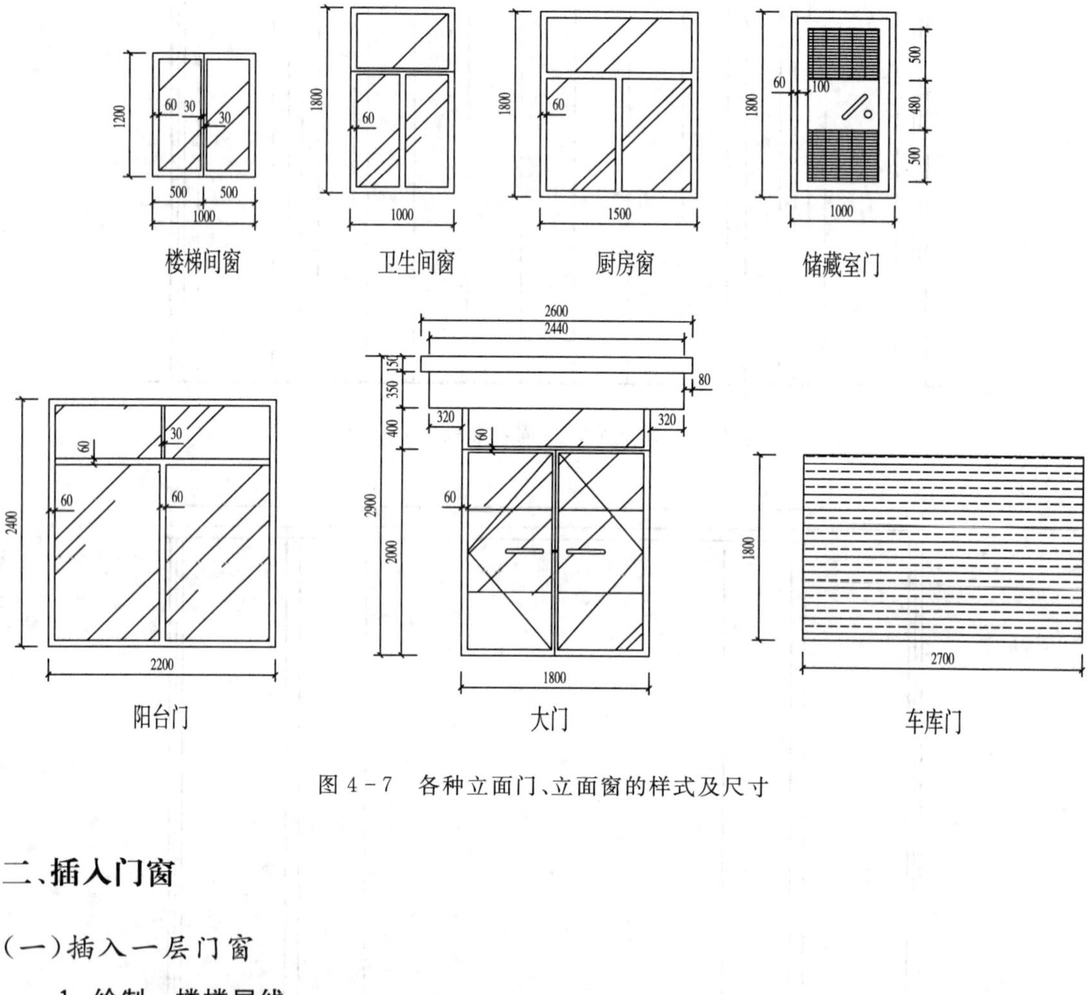

图 4－7　各种立面门、立面窗的样式及尺寸

二、插入门窗

（一）插入一层门窗

1. 绘制一楼楼层线

在“轮廓线”图层下，沿地坪线绘制一条细实直线，并将其向上偏移 2000，即为一楼楼层线，如图 4－8 所示。

2. 插入卫生间窗和厨房窗

将图 4－8 所示的楼层线向上偏移 900（尺寸见剖面图），得到窗台标高线，并将绘制好的卫生间窗和厨房窗插入正确的位置，如图 4－9 所示。

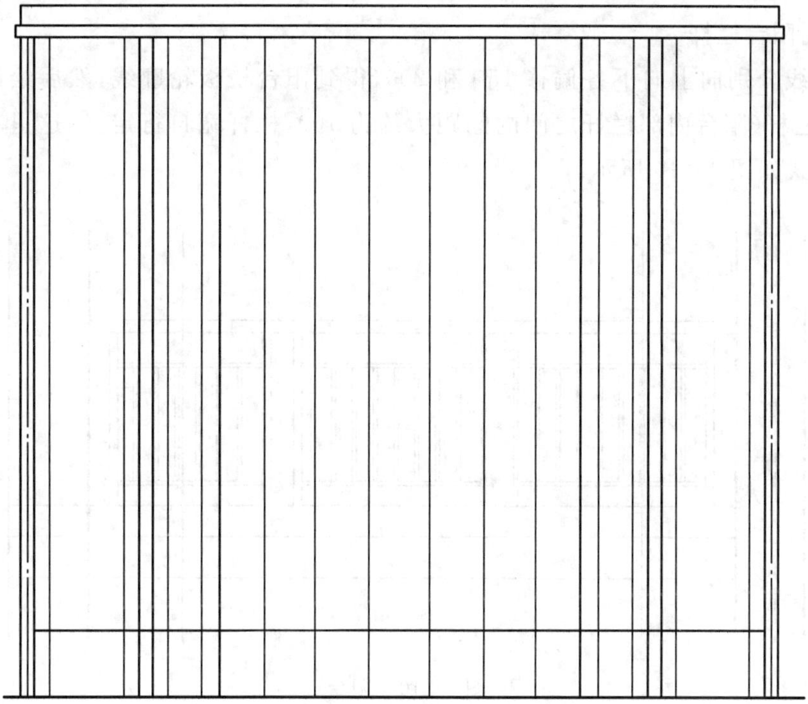

图 4-8　绘制一楼楼层线后的立面图

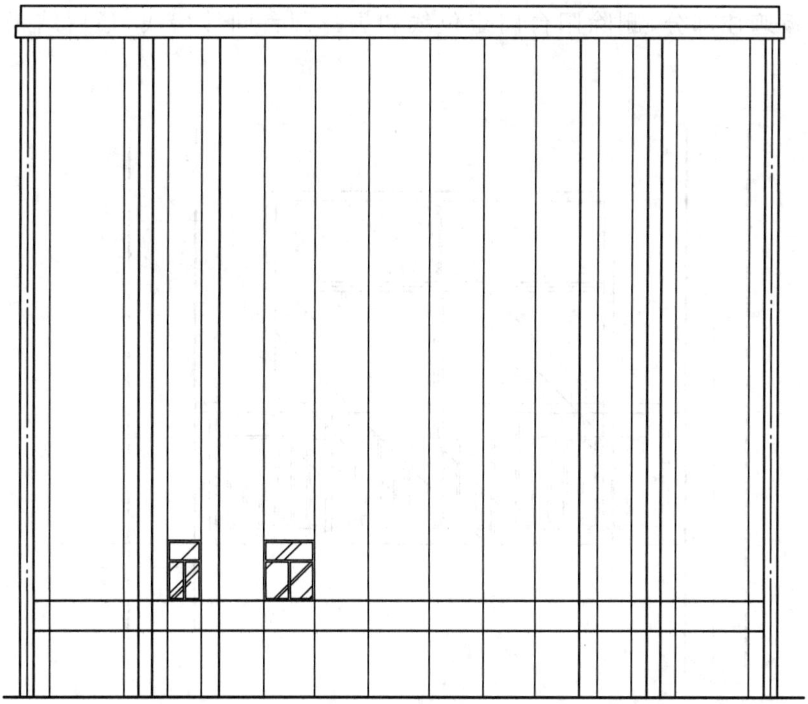

图 4-9　插入卫生间窗和厨房窗后的立面图

3. 绘制阳台栏杆和插入阳台门

(1)绘制阳台栏杆

将层高线分别向上向下各偏移 150 和 200,得到阳台栏板轮廓线,然后绘制一总高为 900 的阳台栏杆(阳台内部栏杆之间的间距大约为 100,栏杆宽自行定义,这里不作详细规定),具体样式如图 4－10 所示。

图 4－10　阳台

(2)插入阳台门

将绘制好的阳台门插入至正确的位置(注:阳台门下底边与一楼楼层线平齐),并修剪掉被阳台栏板遮住部分,删除阳台门定位线和去掉阳台间楼层线,最后结果如图 4－11 所示。

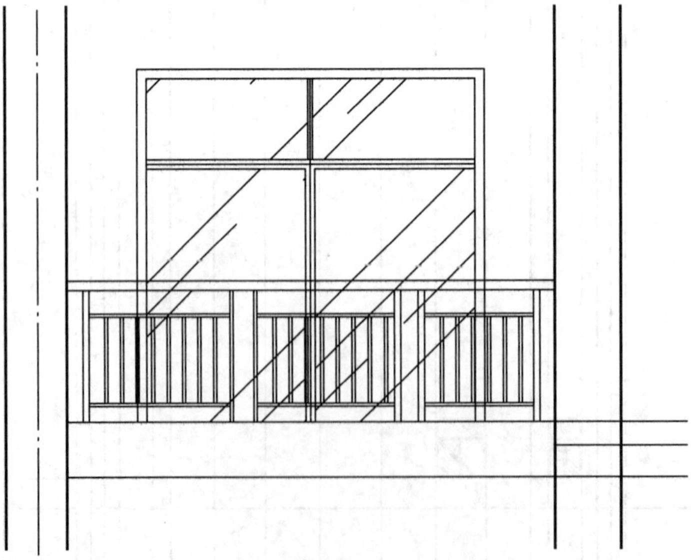

图 4－11　插入阳台门

4. 插入楼梯间窗

根据1—1剖面图(项目五中图5－1)可知楼梯间窗窗台标高线距下面楼板标高线为2500mm,运行【偏移】命令O,将图4－8所示层高线向上偏移2500,然后将绘制好的楼梯间窗插入正确位置,删除一楼卫生间和厨房窗户轮廓线和窗台标高线,结果如图4－12所示。

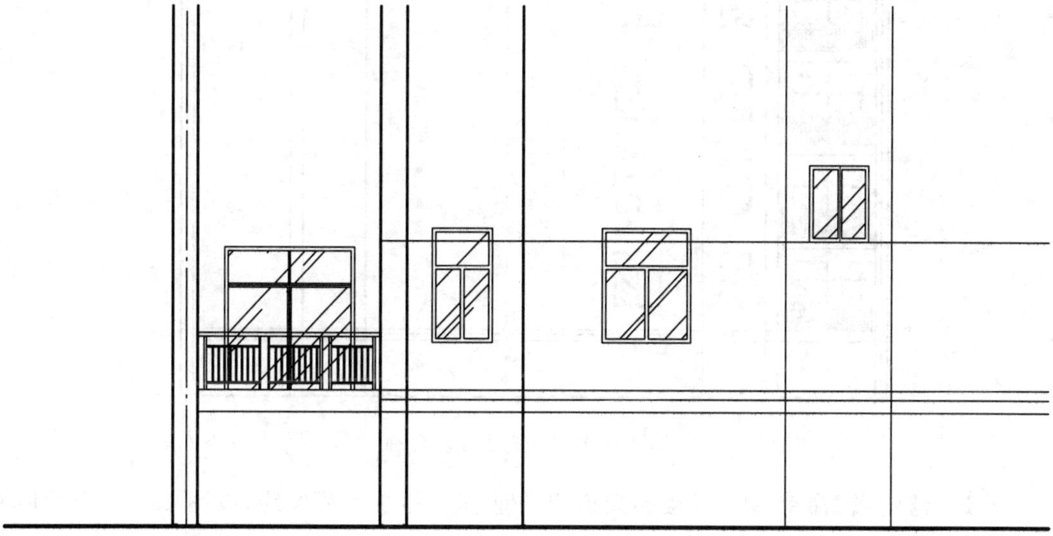

图4－12　插入楼梯间窗

(二)插入二至六层门窗

(1)运行【阵列】命令AR,弹出【阵列】对话框,设置参数如图4－13所示,选择对象为绘制好的阳台栏杆、阳台门、卫生间窗、厨房窗,确定后结果如图4－14所示。

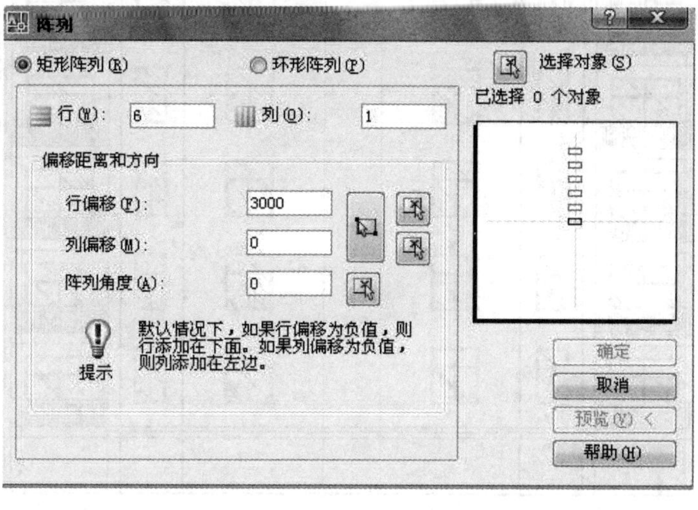

图4－13　“阵列”对话框的参数设置

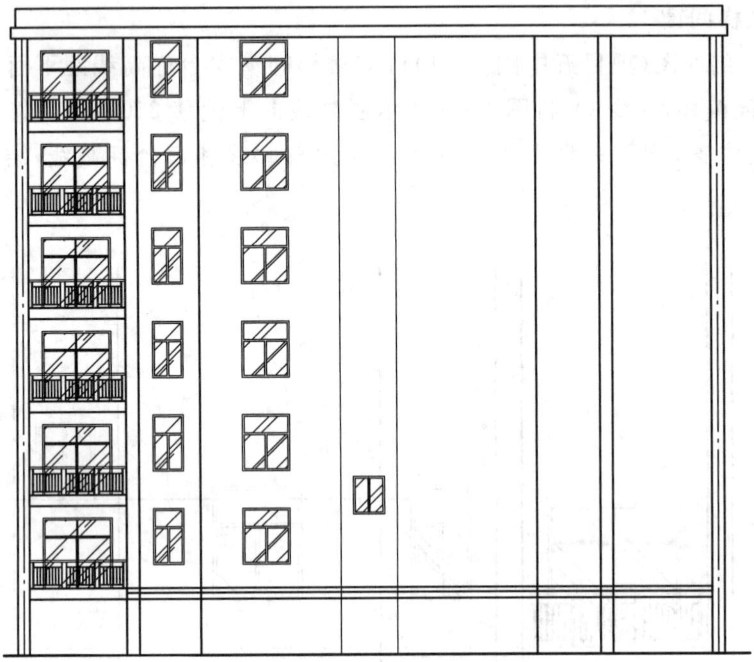

图 4-14　阵列后的立面图

(2)运行【镜像】命令 MI,以楼梯间窗户的垂直中心线为镜像线,以图 4-14 中的所有阳台栏杆、阳台门、卫生间窗和厨房窗为选择对象,镜像出右半边门窗,并双击右半边门窗的填充图案,将填充角度由 45 度调整为 225 度,结果如图 4-15 所示。

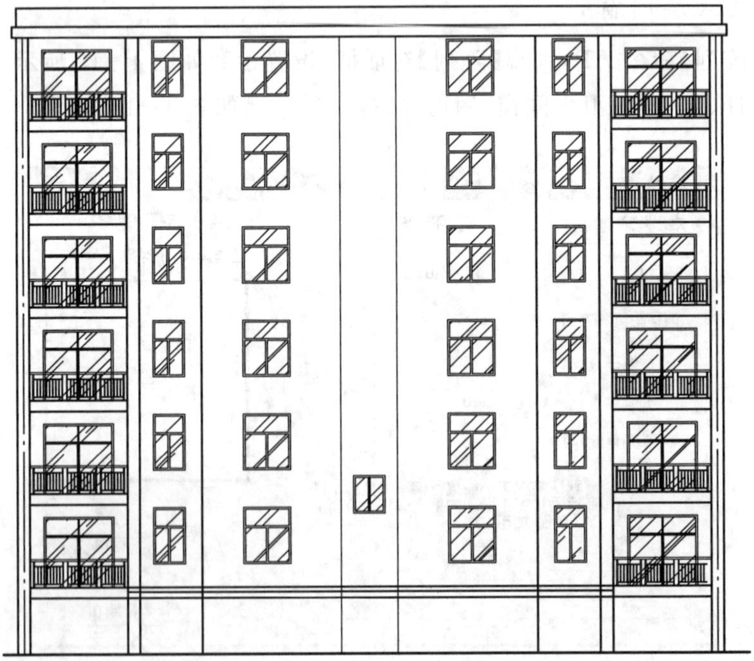

图 4-15　镜像后的立面图

【小贴士】 由于需要调整角度的填充图案较多，此时如果逐个图案进行调整，会非常麻烦，也会降低绘图速度，此时可以运用标准工具栏中的“特性匹配”工具（MA），先调整好一个图案，再以调整好的填充图案为源对象，剩下的填充图案就只需逐个单击就可以快速完成。

(3)将层高线向上偏移3000，并将偏移得到的直线向下偏移100，修剪掉穿过楼梯间窗线条，得到层间轮廓线。

(4)运行【阵列】命令AR，设置为5行1列，行偏移3000，列偏移0，选择楼梯间窗和层间轮廓线为对象，如图4-16所示，确定后结果如图4-17所示。

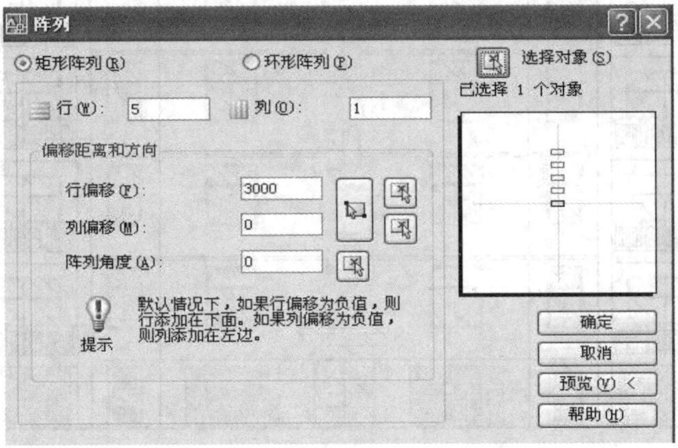

图4-16 “阵列”命令的参数设置

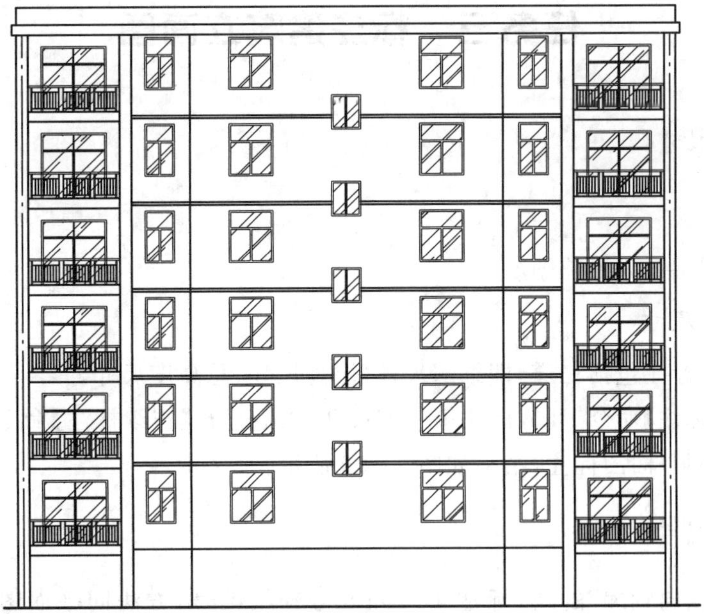

图4-17 阵列楼梯间窗和层间轮廓线后的立面图

（三）插入车库层门窗

将绘制好的车库门、储藏室门和大门插入正确位置，并镜像出右半部分。

结果如图 4－18 所示。

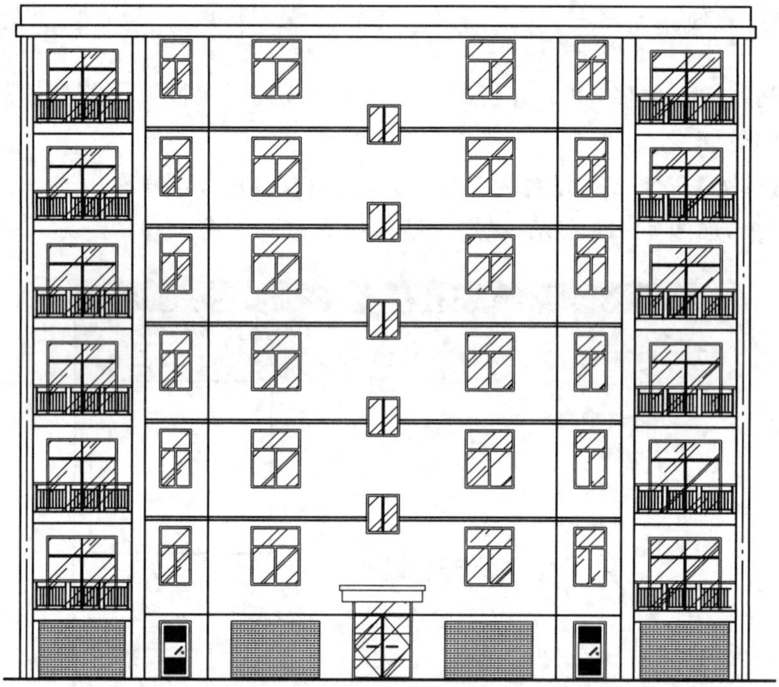

图 4－18　绘制好车库门、储藏室门和大门后的立面图

任务三　标注建筑立面图

一、标注施工尺寸

（一）选择图层

将“尺寸”图层设为当前图层。

（二）标注施工尺寸

立面图尺寸标注包括三道，即细部尺寸、层高尺寸、总高度尺寸。

运行【线性标注】命令 DLI，标注第一道尺寸，然后运行【连续标注】命令 DCO 快速标注其他尺寸，方法同平面图标注，结果如图 4－19 所示。

二、标注轴线编号

插入名为“横向轴编”的块，标注 1 号和 8 号轴线编号，方法同平面图轴编标注，如图 4－20所示。

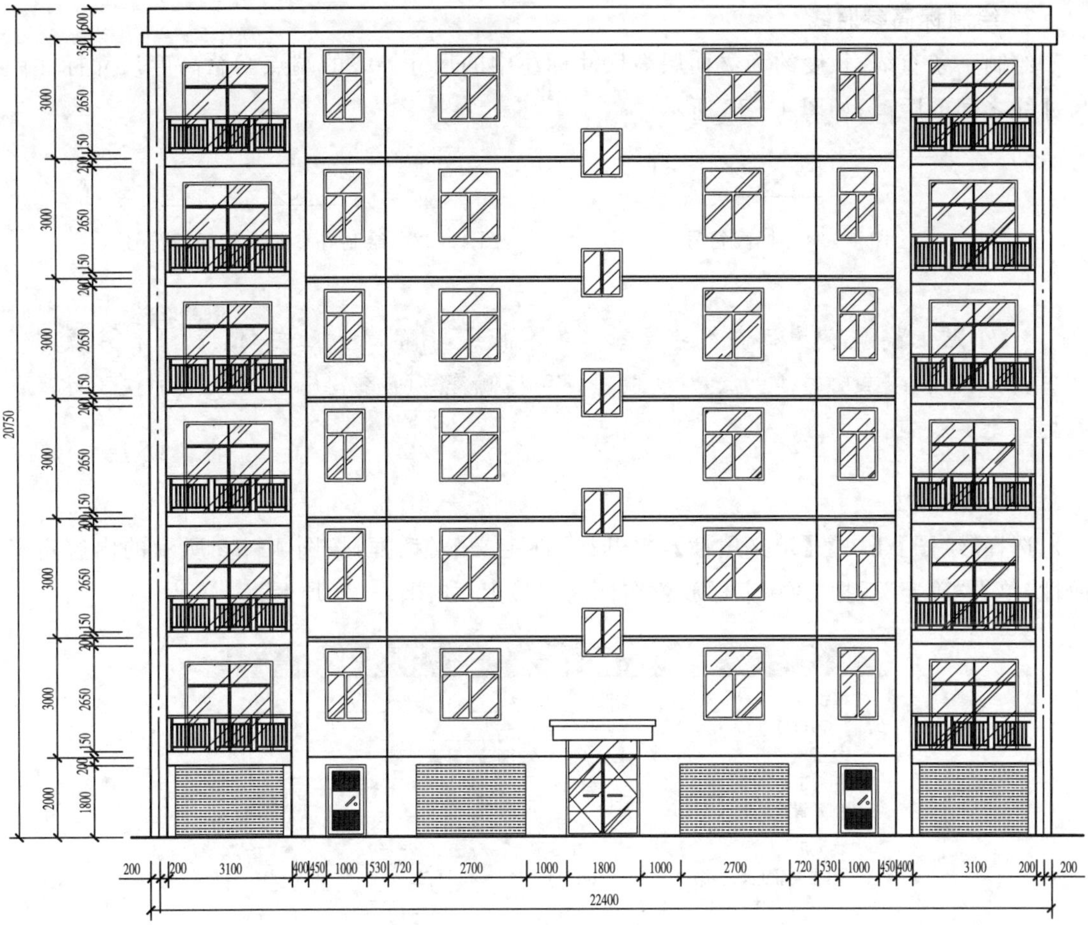

图 4-19　施工尺寸标注

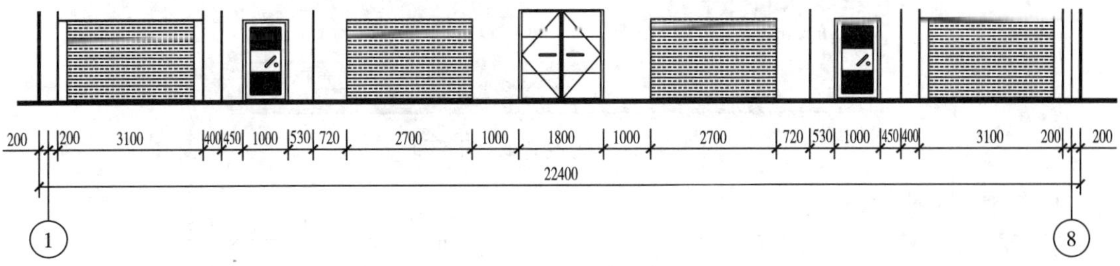

图 4-20　轴线编号标注

三、标注标高

(一)创建带属性的标高块

1. 绘制标高符号

设置“极轴”辅助工具中的“增量角”为 45 度。然后运用【直线】命令 L、【偏移】命令 O、【修剪】命令 TR 等绘制出标高符号，如图 4-21 所示(上端水平线约 2000mm)。

2. 绘制标高参照线

绘制一条直线，长度约为立面层高尺寸标注中的尺寸界线的端点至总高度尺寸标注中尺寸线之间的距离，如图 4－22 所示。

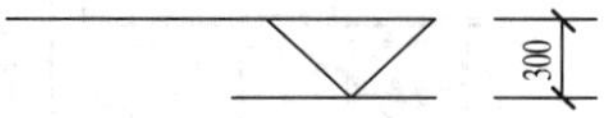

图 4－21　标高符号

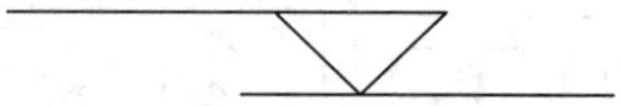

图 4－22　绘制好参照线的标高符号

【小贴士】 此处为标高符号绘制一条参照线，目的是为了在后续标高标注操作中，快速捕捉到准确的插入点，这样既保证了标高符号的整齐统一，也大大加快了标高标注速度。

3. 定义属性

选择【绘图】/【块】/【定义属性】，打开【属性定义】对话框，按图 4－23 所示的内容定义属性，单击“确定”后把“BG”字样放置在标高符号上，如图 4－24 所示。

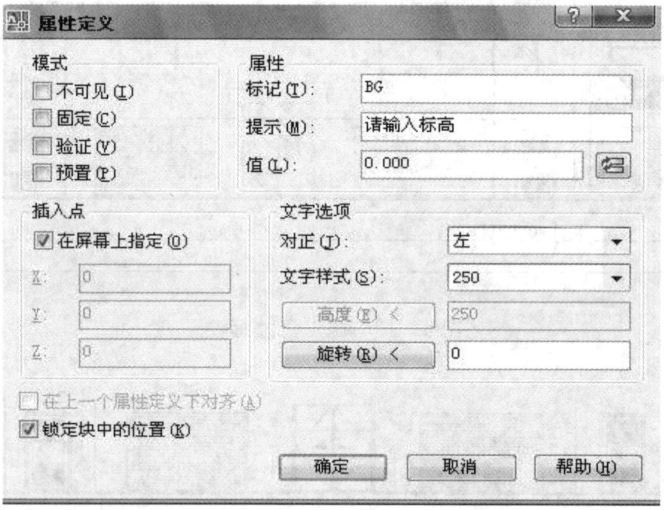

图 4－23　“属性定义”对话框

4. 创建“标高”图块

运行【创建块】命令 B，在【块定义】对话框中，设置块名称为“标高”，对象选择图 4－24 所示，单击确定后弹出【编辑属性】对话框，输入“0.000”。

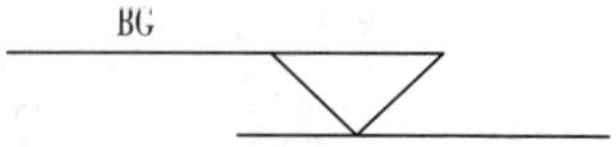

图 4－24　添加属性后的标高符号

(二)插入标高块，完成标高标注

设置“尺寸”为当前图层，然后运行【插入块】命令 I，在弹出的【插入】对话框中，选择插入名为“标高”的块，如图 4－25 所示，确定后选择插入点为层高尺寸界限的左端点，然后在命令行提示输入标高时，输入要标注的标高值，再按确定。注：标注±0.000 时，应输入“%%P”，结果如图 4－26 所示。

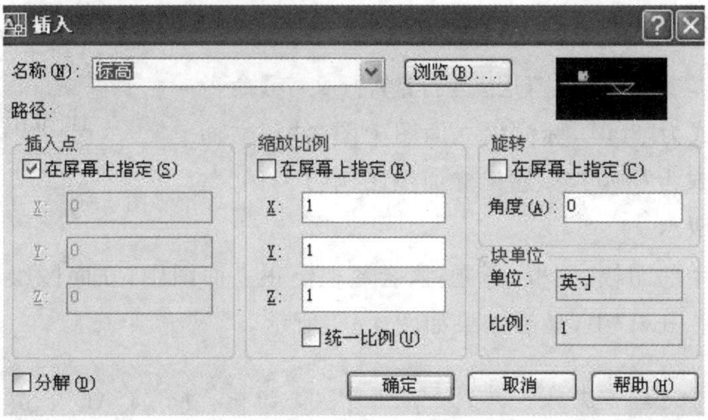

图 4－25 “插入块”对话框

图 4－26 完成标注标高的立面图

四、标注文字注释

将“文字”图层设为当前图层，运行【单行文字】命令 DT，设置文字样式为“700”，标注出立面图中图名“正立面图”；设置文字样式为“500”，标注出立面图图例“1∶100”，结果如图 4－27 所示。

正立面图 1∶100

图 4－27 立面图图名及图例

复制平面图中的图幅、图框、标题栏、会签栏至正立面图中，立面图绘制完成，然后也保存在“建筑施工图．dwt”中，最后结果如图 4－1 所示。

【小贴士】 现实生活中，为了方便进行图纸识读，在用 CAD 绘图时，一般都将建筑施工图中的平面图、立面图、剖面图和详图均放置同一个界面下，所以本立面图绘制完成后也保存在平面图界面下的“建筑施工图．dwt”文件中。

本项目小结

本项目介绍了绘制建筑立面图的基本流程和步骤，结合《房屋建筑制图统一标准》详细地讲解了立面图中框架线的创建、门窗的插入、尺寸和标高的标注等，读者要仔细领会每一步骤的绘制过程和技巧，并且熟练操作每一个快捷键命令。

建筑立面图是建筑施工较为重要的参考用图纸，也是建筑物外貌特征的重要参考依据。在绘制时不仅要保证图形精确、美观，还得讲究绘图速度和技巧，例如在本项目中绘制二楼及以上的楼层立面时，采用了阵列命令快速生成了楼体，这种方法简单、实用、准确。

同步测试

一、选择题

1. 建筑立面图要求标注(　　)道尺寸线。

A. 1　　B. 2　　C. 3　　D. 4

2. 下列不属于建筑立面图中必须绘制的内容是(　　)。

A. 风玫瑰　　B. 屋顶立面外形

C. 门窗立面形状　　D. 建筑立面标高

3. 国家制图标准规定，立面图的汉字宽约为字高 h 的(　　)倍。

A. 2　　B. 3　　C. 0.7　　D. 0.5

4. 下列命令中将选定对象的特性应用到其他对象的是(　　)。

A.“夹点”编辑　　B. AutoCAD 设计中心

C. 特性　　　　　　　　　　　　D. 特性匹配

5. 哪一个命令可自动地将包围指定点的最近区域定义为填充边界？（　　）

A. BHATCH　　B. BOUNDARY　C. HATCH　　D. PTHATCH

6. 在 AutoCAD 2007 设置图层颜色时，可以使用（　　）种标准颜色。

A. 240　　B. 255　　C. 6　　D. 9

7. 在建筑立面图中，立面地坪线应采用线宽是（　　）。

A. 粗实线　　B. 细实线　　C. 特粗实线　　D. 中实线

8. 设置光标大小需在【选项】对话框中的（　　）选项卡中设置。

A. 草图　　B. 打开和保存　　C. 系统　　D. 显示

9. 下面哪个命令用于图形标注多行文本、表格文本和下划线文本等特殊文字。（　　）

A. MTEXT　　B. TEXT　　C. DTEXT　　D. DDEDIT

10. 在给建筑立面图进行三道纵向尺寸标注时，不属于标注内容的是（　　）。

A. 轴间尺寸　　B. 细部尺寸　　C. 层高尺寸　　D. 总高尺寸

二、问答题

1. 如何标注立面图的标高？
2. 怎样快速而又美观整齐的标注尺寸？
3. 怎样根据建筑绘图标准设置立面图各种轮廓线的线宽？
4.《房屋建筑制图统一标准》中，对尺寸标注操作具体有哪些要求？

项目五　建筑剖面图的绘制

学习目标

知识目标

- 了解建筑剖面图的用途、形成和内容
- 掌握《房屋建筑制图统一标准》中的绘图标准以及剖面图中各种元素的表示方法
- 掌握建筑剖面图的绘制流程、绘制方法和绘制技巧

能力目标

- 能应用各类命令快捷键快速绘制出剖面墙线、剖面门窗及剖面楼梯等元素，并进行尺寸和文字标注
- 能处理好各种绘图元素与《房屋建筑制图统一标准》的对应关系

建筑剖面图主要表达建筑物垂直方向的内部构造和结构形式，反映房屋的层数、层高、楼梯、结构形式、层面及内部空间关系等。它与建筑平面图、立面图相配合，是建筑施工图中不可缺少的重要图样之一。本项目将以绘制如图 5-1 所示的某居民楼 1—1 剖面图为例，学习建筑剖面图的绘制方法和具体的绘制技巧。

任务一　绘制轴线和墙线

打开“建筑施工图 . dwt”文件，确定剖面图剖切位置和剖视方向。

将“轴线”设为当前图层，从平面图轴号为 A、C、1/D、E 的轴线引出对齐线；将“墙体”设为当前图层，从平面图墙体线引出对齐线，画出剖面图的墙线，如图 5-2 所示。此时，红色为轴线，灰色为墙线，蓝色为柱子可见线，青色为阳台栏杆及凸窗可见线。

选中上述所绘的轴线和墙线，运行【旋转】命令 RO，将所选线图形顺时针旋转 90 度，如图 5-3 所示。

【小贴士】 旋转时，先确定剖面图剖切位置和剖视方向，剖视方向向左，则顺时针，输入旋转角度为负值；剖视方向向右，则逆时针，输入旋转角度为正值。上图为顺时针旋转，则角度输入“－90”。

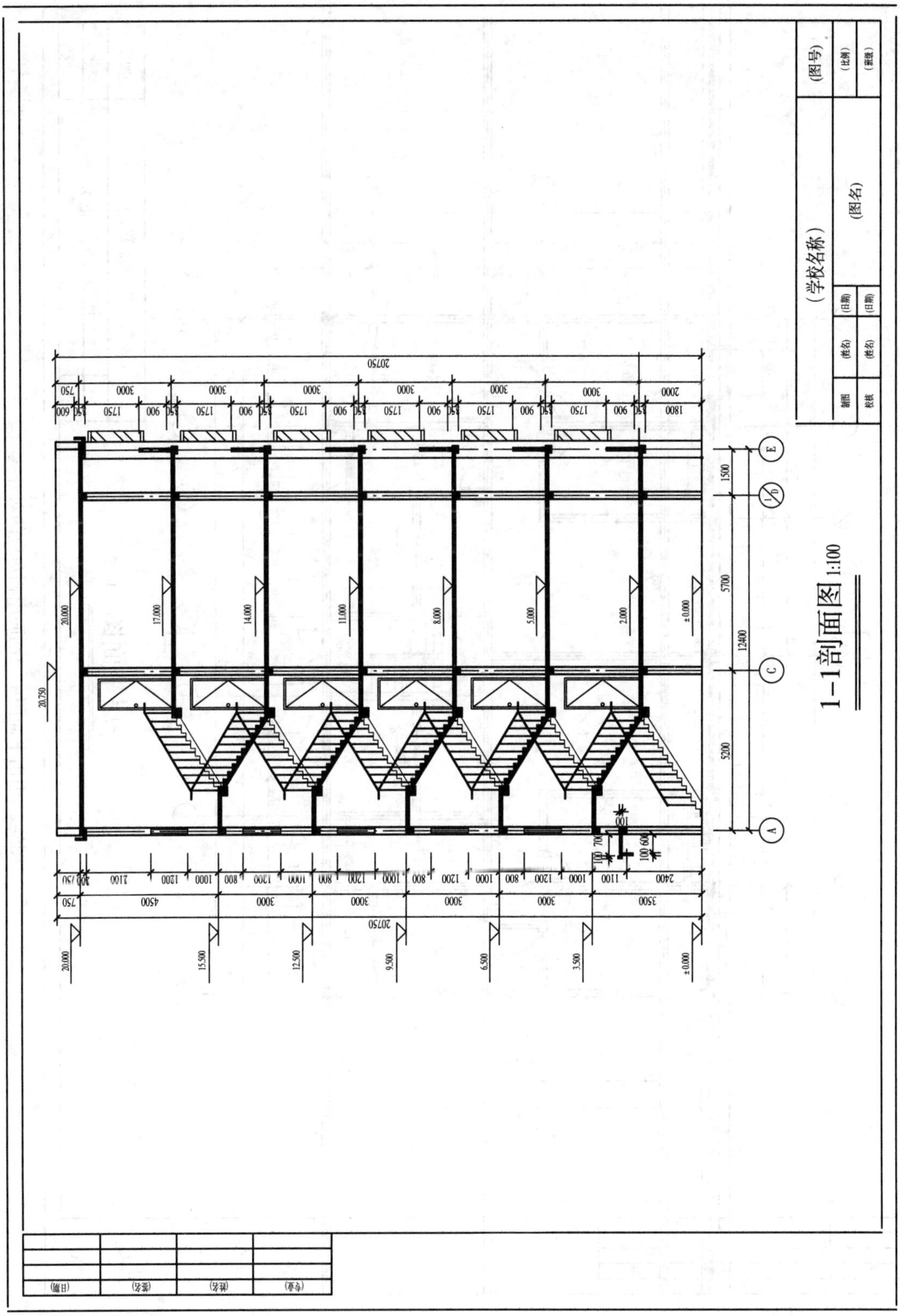

图5-1 某居民楼1—1剖面图

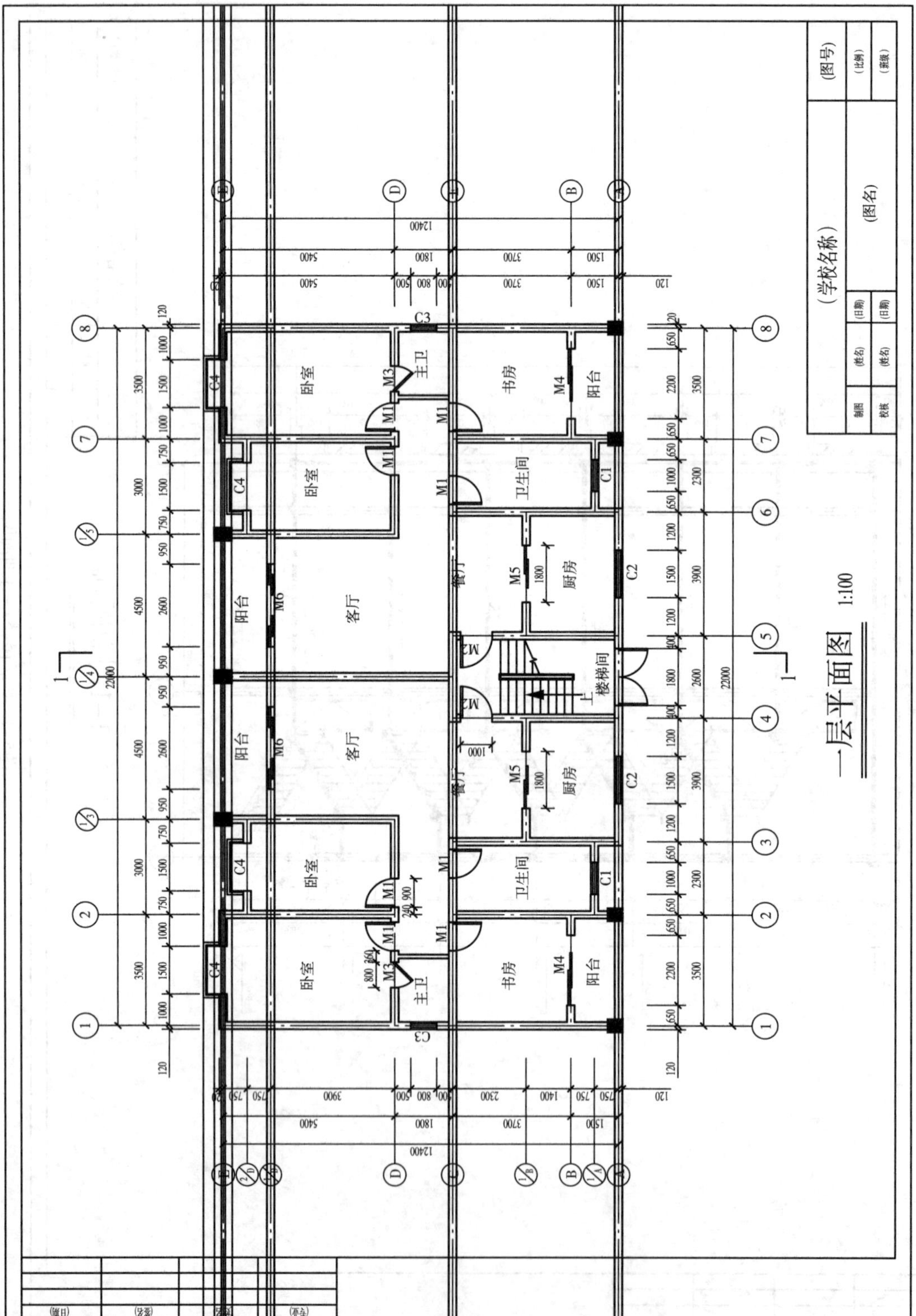

图5-2 引出平面图中与剖面图相对应的对齐线

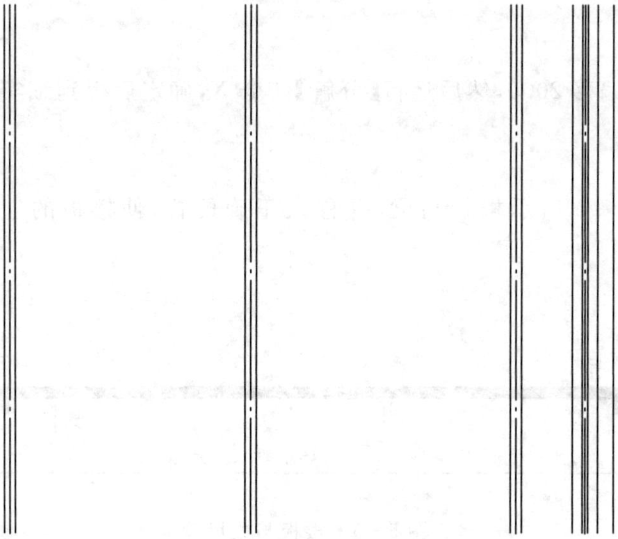

图 5-3 旋转后的对齐线

任务二 绘制楼板及剖面门窗

一、绘制楼板

(一)绘制地坪线

地坪线为剖面图中的特粗实线。运行【多段线】命令 PL,设置线宽为 200,在适当位置绘制出地坪线,如图 5-4 所示。

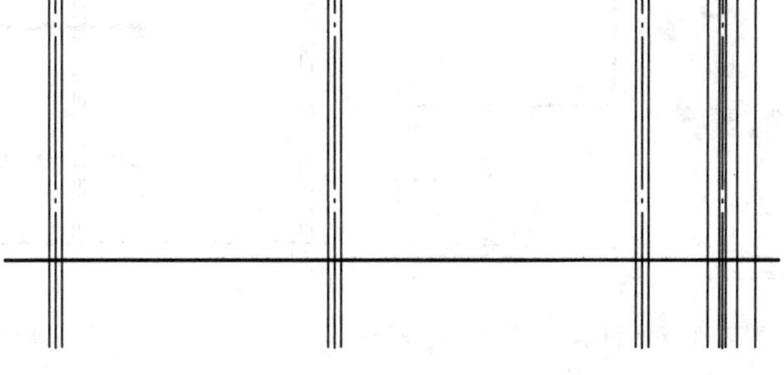

图 5-4 绘制好的地坪线

(二)绘制层高线

将地坪线向上偏移 2000,然后运行【分解】命令 X,确定后得到细实线。

(三)绘制楼板

(1)绘制如图 5-5 所示楼板与梁,并移入正确位置,使楼板的上表面与一楼楼层线平齐。

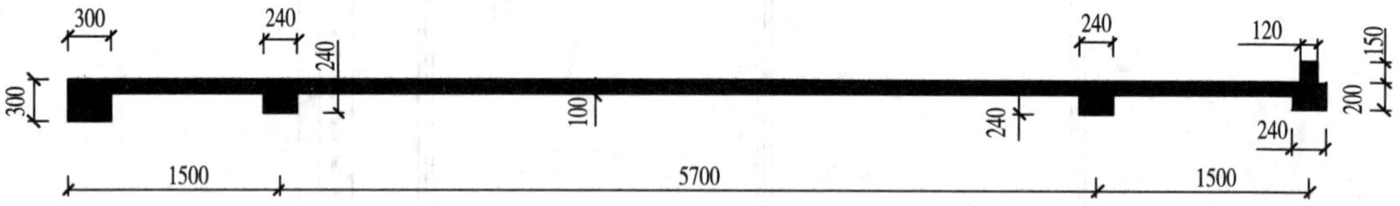

图 5-5 楼板与梁尺寸

(2)运行【阵列】命令 AR,设置【阵列】对话框如图 5-6 所示,选择对象为图 5-5 所示楼板,最后结果如图 5-7 所示。

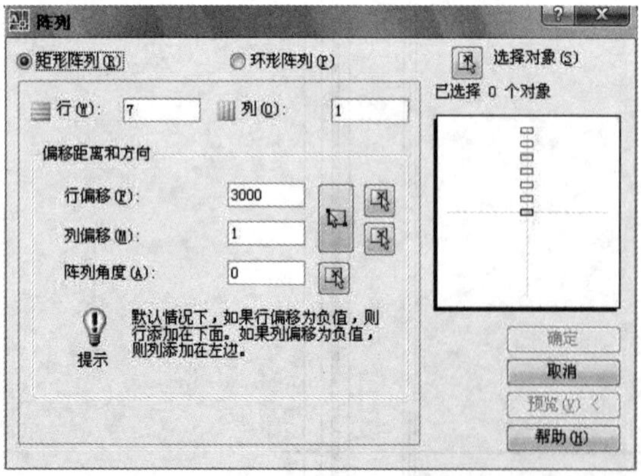

图 5-6 "阵列"对话框

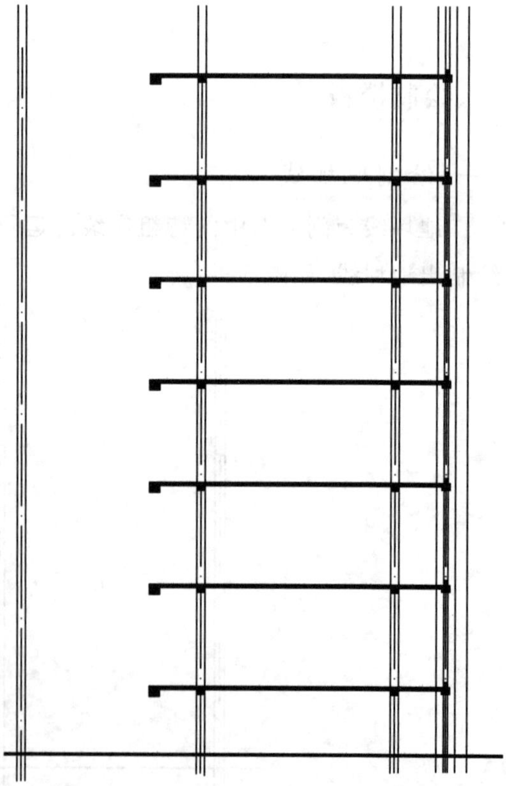

图 5-7 阵列后的剖面图

二、绘制剖面门窗

(一)绘制剖面大门

设置"门窗"为当前图层,运行【多线】命令 ML,样式设为"240",绘制如图 5-8 所示剖面大门,并插入楼梯入口处,关闭轴网图层后结果如图 5-9 所示。

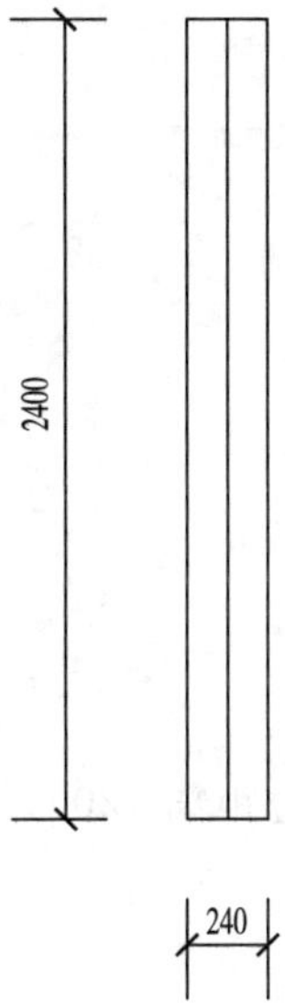

图 5-8　剖面大门

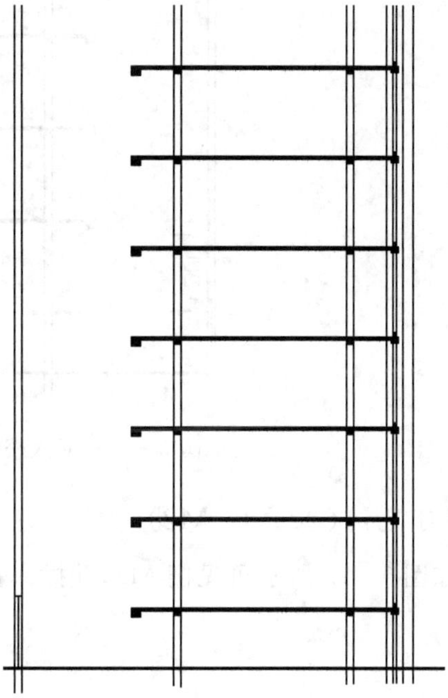

图 5-9　插入剖面大门

(二)绘制楼梯间剖面窗和剖面阳台

运行【多线】命令 ML,样式设为"窗",绘制如图 5-10 所示的楼梯间剖面窗和剖面阳台栏杆,并插入正确位置(楼梯间剖面窗底部距离一层楼板面 2500mm),结果如图 5-11 所示。

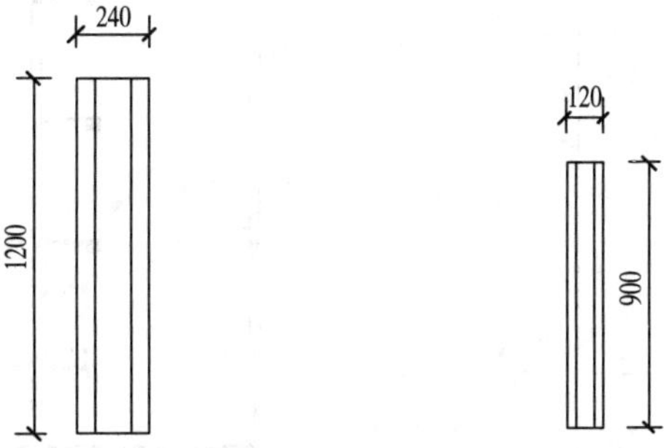

(a) 楼梯间剖面窗　　(b) 剖面阳台栏杆

图 5-10　楼梯间剖面窗和剖面阳台栏杆

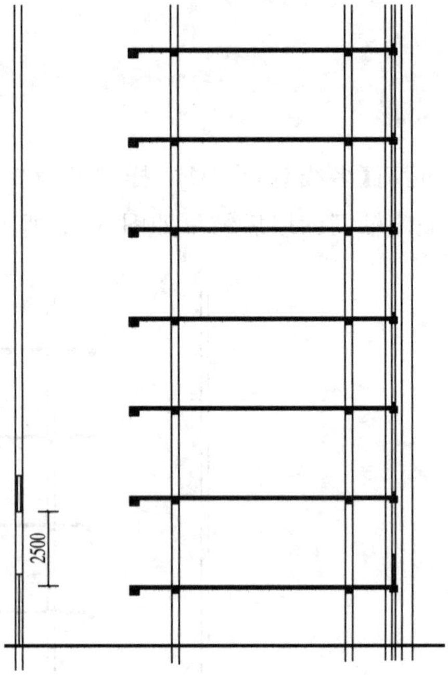

图 5-11　插入楼梯间窗和阳台栏杆

(三)绘制可见门(入户门 M2)

绘制如图 5-12 所示可见门 M2,并插入正确位置(距墙侧边距离 120),结果如图5-13 所示。

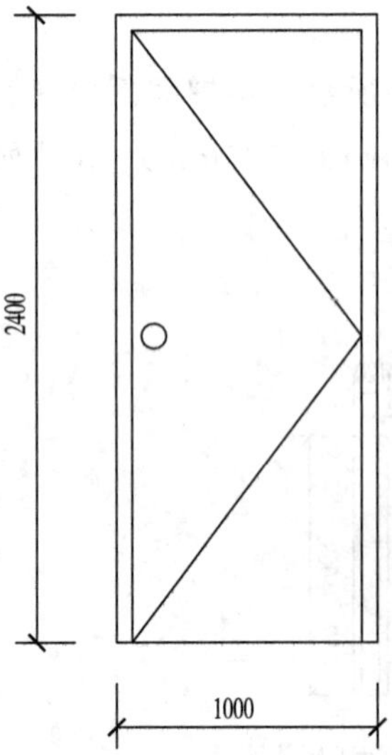

图 5-12　入户门

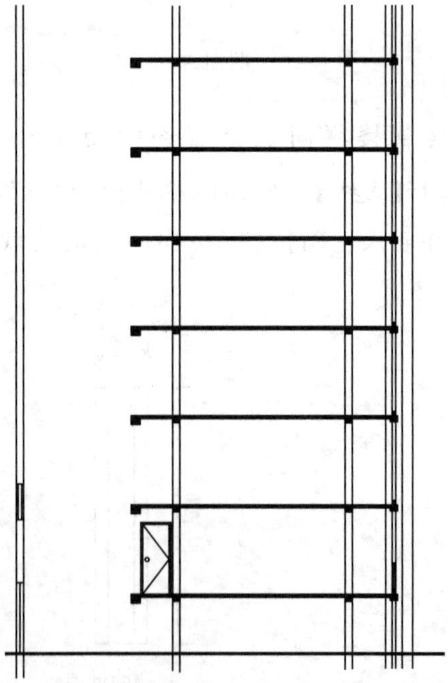

图 5-13　插入入户门

(四)阵列门窗

运行【阵列】命令 AR,阵列可见门 M2、阳台栏杆,设置如下图 5-14 所示。

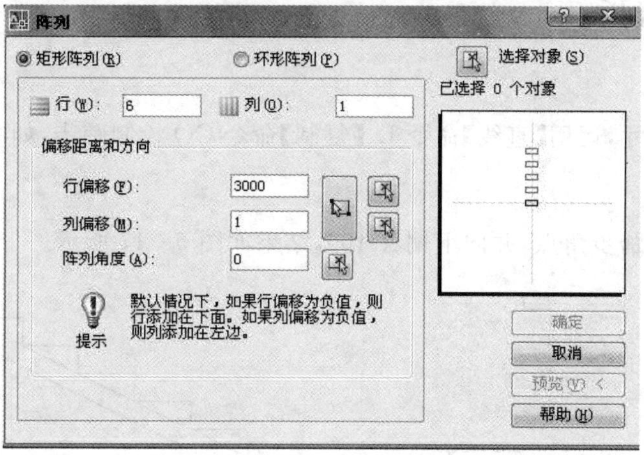

图 5-14 “阵列”对话框

阵列楼梯间剖面窗,阵列行设为“5”,其他与图 5-14 类同,最后绘制结果如图 5-15 所示。

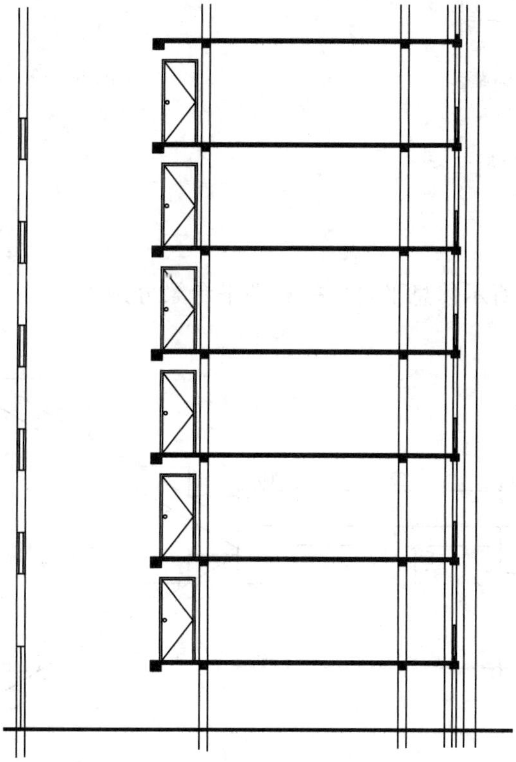

图 5-15 阵列后的剖面图

任务三　绘制剖面楼梯

一、绘制踏步和梯板

(一)绘制踏步

根据设计图尺寸,运用【直线】命令 L、【复制】命令 CO 绘制踏步,如图 5－16 所示。

(二)绘制梯板

用直线连接各踏步角点,并向下偏移 100,结果如图 5－17 所示。

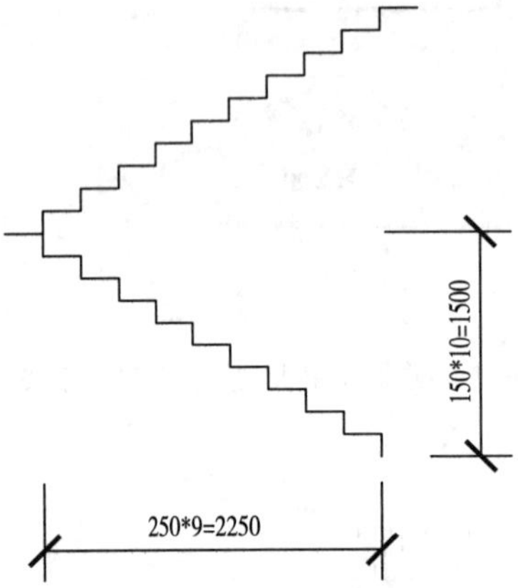

图 5－16　楼梯踏步

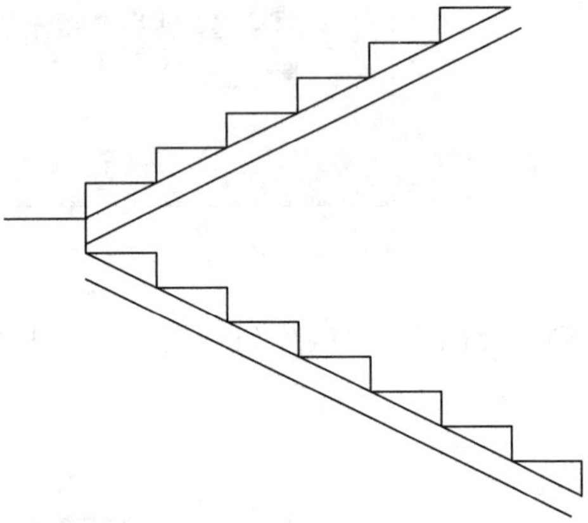

图 5－17　楼梯板

二、绘制休息平台和栏杆

(一)绘制休息平台

(1)绘制如图 5－18 所示休息平台(左、右端平台梁分别为 240×240、300×300),并填充。

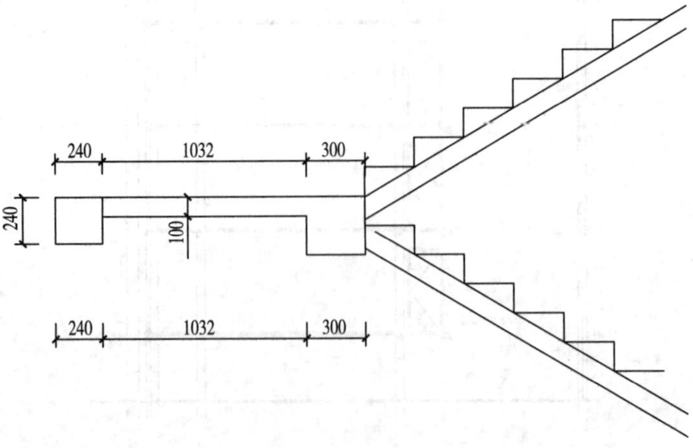

图 5－18　楼梯休息平台

(2)绘制连接楼板的上下梯梁 300×300,修剪梯板,最后结果如图 5-19 所示。

(二)绘制栏杆

(1)在梯梁上表面中点位置绘制一长为 900mm 的辅助直线,并分别向左向右各偏移 15,删掉辅助线,结果如图 5-20 所示。

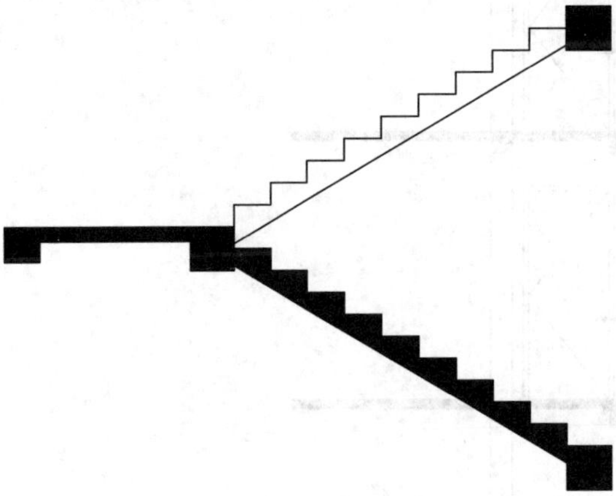

图 5-19 修剪并填充后的楼梯

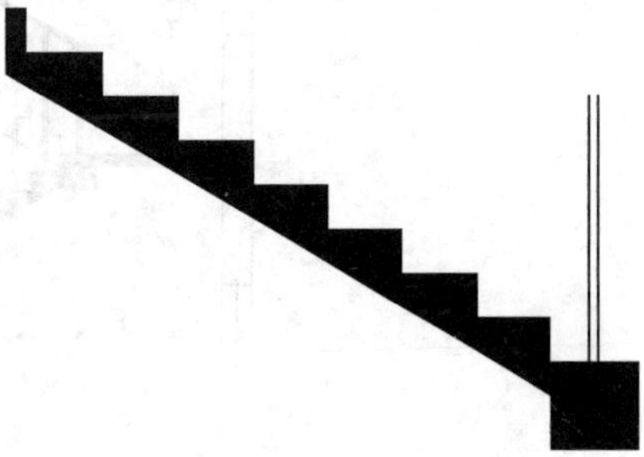

图 5-20 楼梯上的栏杆

(2)复制图 5-20 中栏杆,基点选择为各踏步上表面的中点,结果如图 5-21 所示。

(3)运行【多段线】命令 PL,线宽设为 50,连接上下栏杆的上端点,绘制出栏杆扶手,扶手伸出栏杆的距离为 300,如图 5-22 所示。

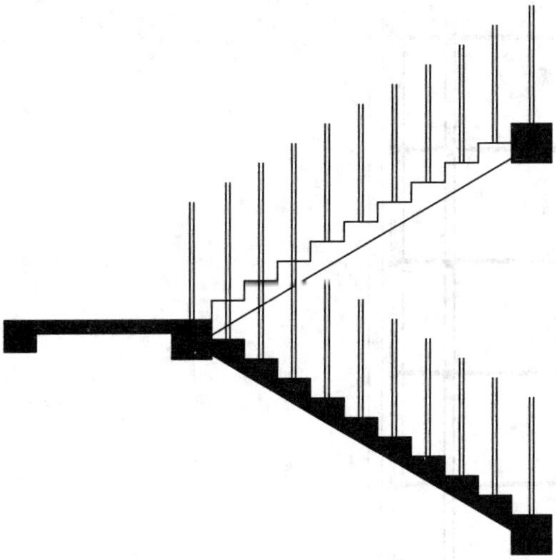

图 5-21 复制栏杆后的楼梯

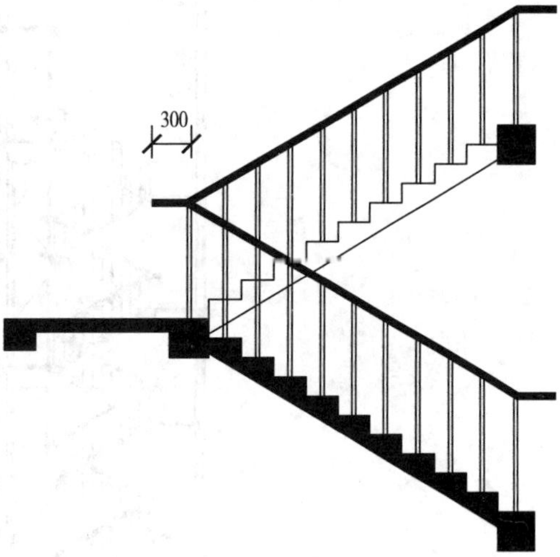

图 5-22 添加扶手后的楼梯

三、阵列楼梯

(一)创建"楼梯"块

运行【创建块】命令 B,将图 5-22 所示图形创建为块,名为"楼梯",拾取点设为梯梁的左上角点。

（二）插入块

运行【插入块】命令 I，插入"楼梯"块，插入点为梯梁左上角点，结果如图 5－23 所示。

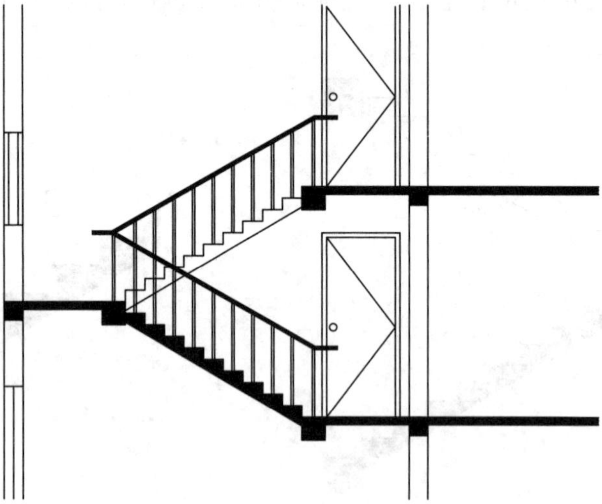

图 5－23　插入楼梯后的剖面截图

（三）阵列楼梯

运行【矩阵】命令 AR，阵列出其他层楼梯，如图 5－24 所示。

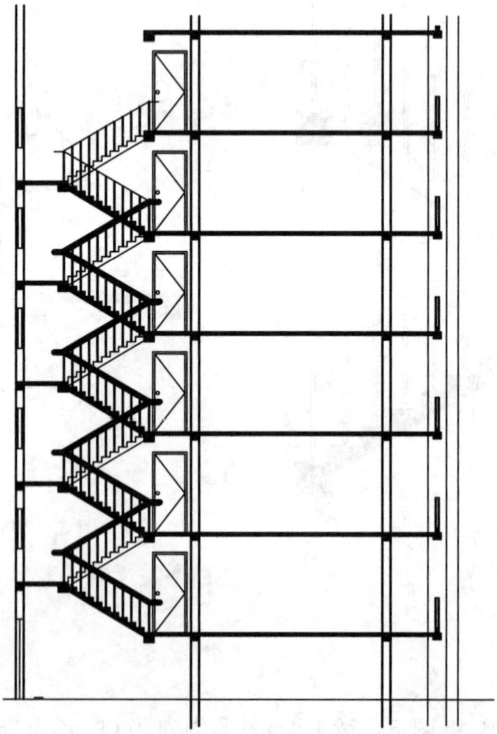

图 5－24　阵列楼梯后的剖面图

四、绘制地面车库楼梯

楼梯踏步宽与高、栏杆尺寸及绘制方法同上，结果如图 5－25 所示。

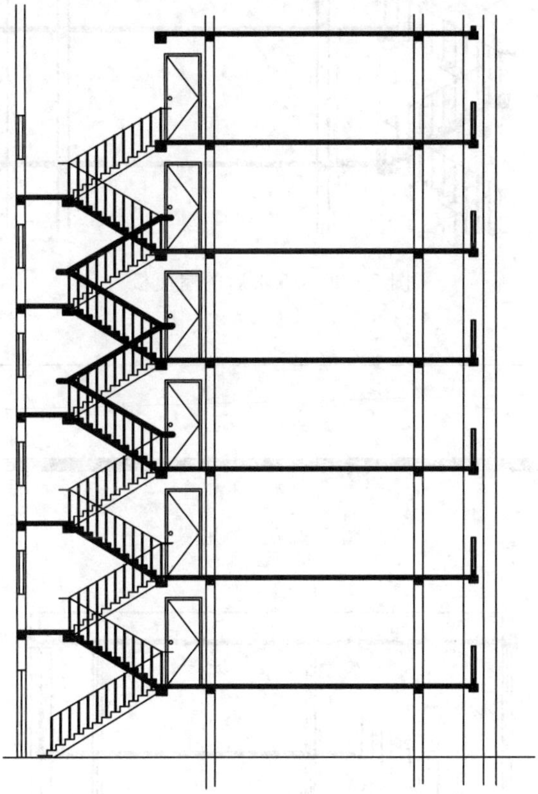

图 5－25　绘制地面车库楼梯后的剖面图

任务四　绘制其他元素

一、编辑屋面板和绘制女儿墙

(1)编辑屋面板，如图 5－26 所示。

(2)在“墙体”图层下用多线绘制出女儿墙，高为 750，并用细实线进行连接，如图 5－27 所示。

(3)打开轴网图层，并修剪掉多作的墙线和轴线，最终结果如图 5－28 所示。

二、绘制可见凸窗

根据平面图剖切位置所示，凸窗为可见部分，剖面图中应予以体现。凸窗相关尺寸如下图 5－29 所示。

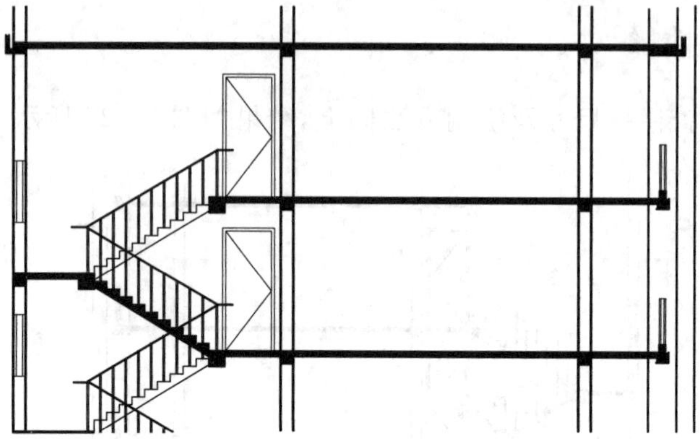

图 5-26　编辑后的屋面板

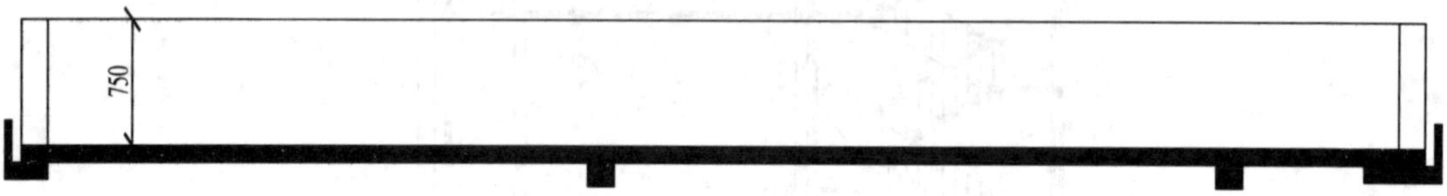

图 5-27　女儿墙

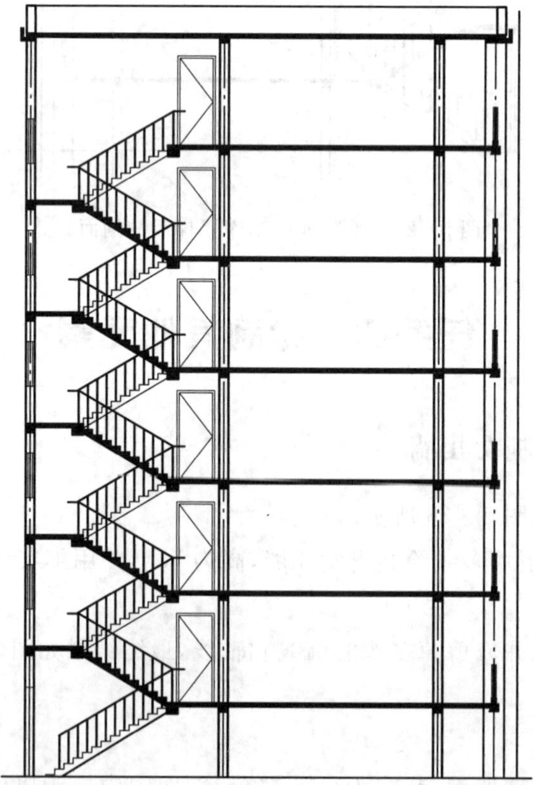

图 5-28　修剪后的剖面图

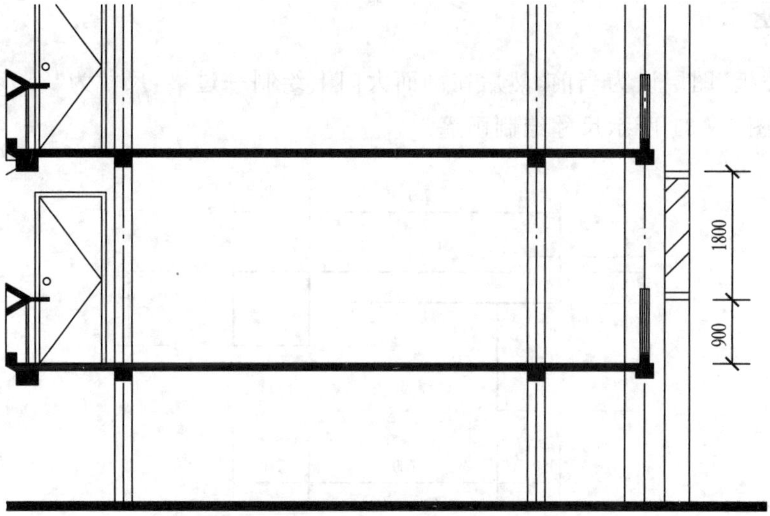

图 5 - 29　凸窗绘制效果

删除凸窗定位线，将凸窗进行阵列，设置同阳台栏杆，行偏移为 3000，阵列后效果如图 5 - 30 所示。

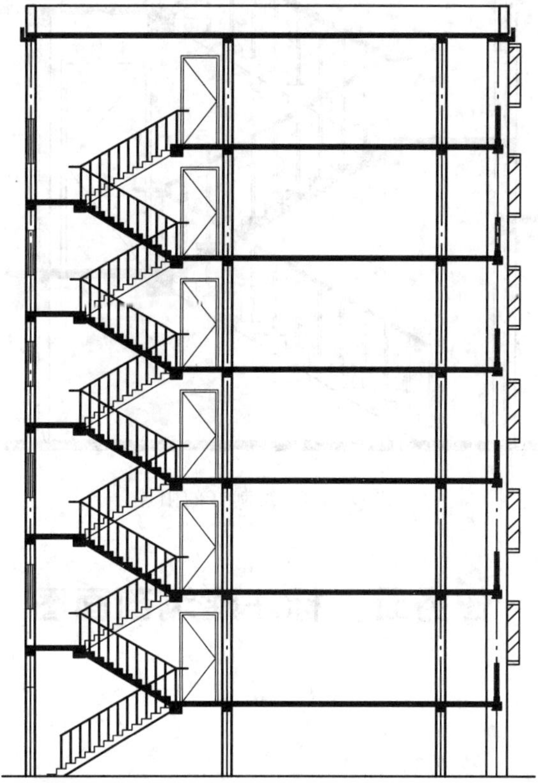

图 5 - 30　凸窗阵列后效果

三、绘制雨篷

(1)将“楼板”图层设为当前,然后在剖面大门上绘制一过梁,尺寸为“240×240”。

(2)按如图 5-31 所示尺寸绘制雨篷。

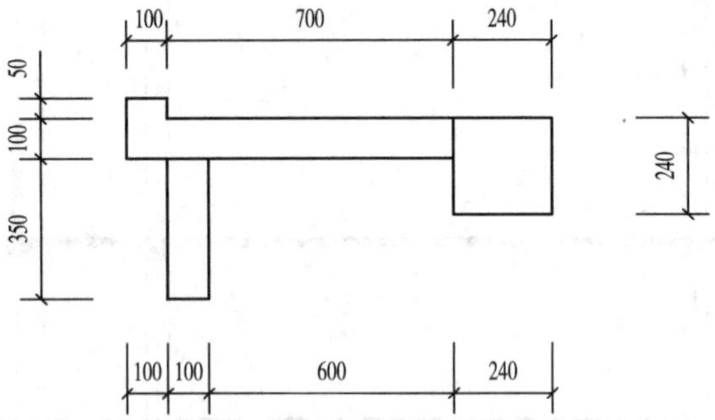

图 5-31 雨篷样式及尺寸

(3)将雨篷移至正确位置,并填充,结果如图 5-32 所示。

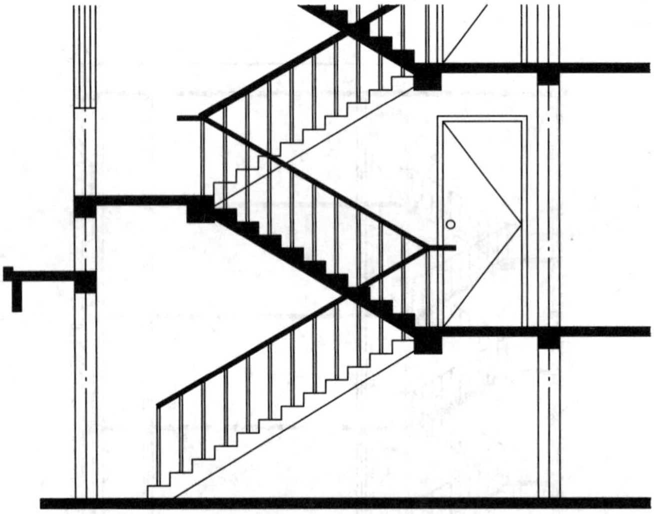

图 5-32 绘制好的雨篷

任务五 标注建筑剖面图

一、标注施工尺寸

(一)选择图层

将“尺寸”图层设为当前图层。

（二）标注施工尺寸

剖面图尺寸标注和立面、平面一样也包括三道，即细部尺寸、层高尺寸、总高度尺寸。

运行【线性标注】命令 DLI，标注第一道尺寸，然后运行【连续标注】命令 DCO 快速标注其他尺寸，方法同立面图标注，结果如图 5-33 所示。

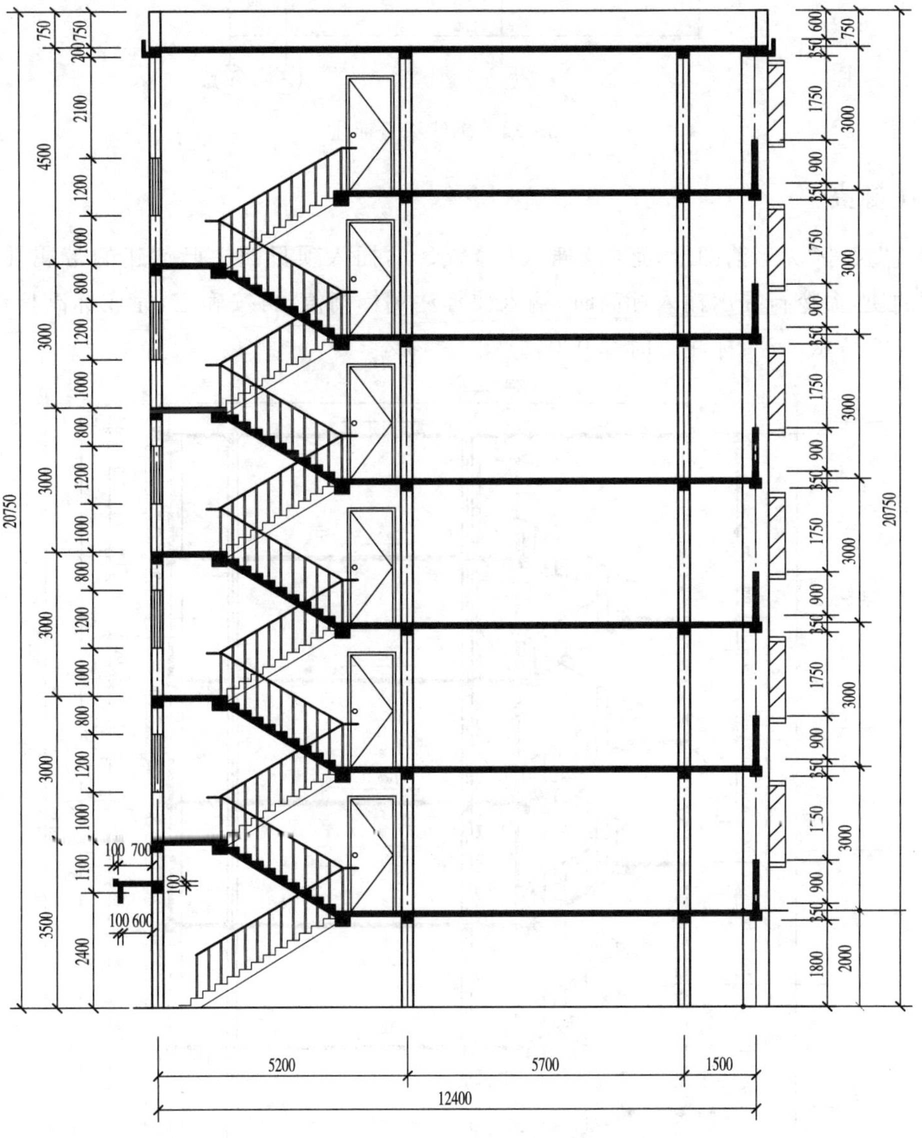

图 5-33　施工尺寸标注

二、标注轴线编号

插入名为“横向轴编”的块，标注 A、C、1/D、E 号轴线编号，方法同平面图轴编标注，结果如图 5-34 所示。

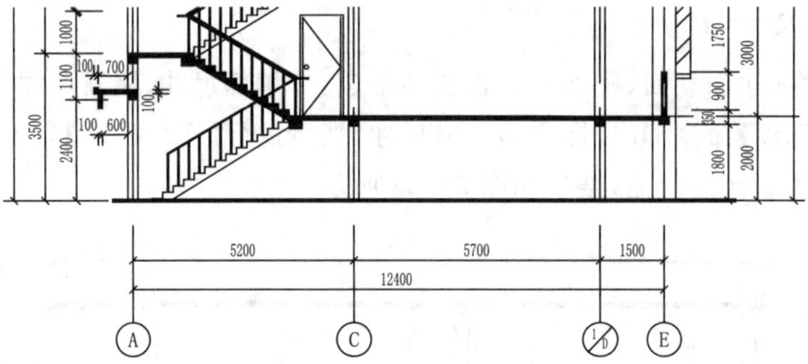

图 5－34　轴线编号标注

三、标注标高

设置"尺寸"为当前图层，运行【插入块】命令 I，插入项目四中已创建的带属性的名为"标高"的块，命令行提示输入标高时，输入要标注的标高值，再按确定，完成标高标注，结果如图 5－35 所示。注：标注±时 0.000，应输入"%%P"。

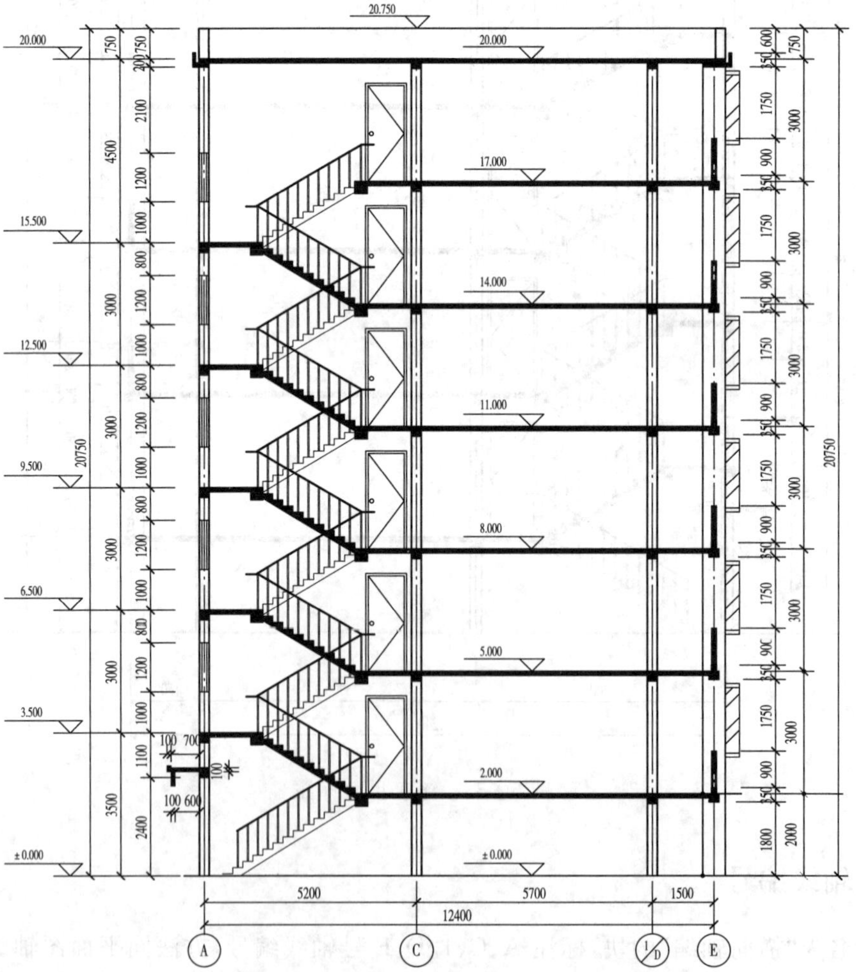

图 5－35　完成标高标注后的剖面图

四、标注文字注释

将“文字”图层设为当前图层，运行【单行文字】命令 DT，标注出剖面图中图名、图例，方法同平面图文字标注，结果如图 5－36 所示。

1—1平面图 1:100

图 5－36　剖面图图名、图例

最后，插入平面或立面中的图幅、图框、标题栏和会签栏，剖面图绘制完成，然后保存在“建筑施工图．dwt”中，最后结果如图 5－1 所示。

本项目小结

本项目介绍了绘制建筑剖面图的基本流程和步骤，结合《房屋建筑制图统一标准》详细地讲解了剖面图中墙线和轴线的定位、剖面门窗的绘制、剖面楼梯的绘制、尺寸和标高的标注等，其中剖面楼梯的绘制是本项目的一个重点，也是难点，要求读者能熟练操作。

在绘制剖面图时，先找准剖切位置及方向，并参照建筑平、立面图的有关参数，找准剖面构件的尺寸，只有这样才能保证绘制图纸的准确性。

同步测试

一、选择题

1. 在建筑剖面图中，轴线采用的线型为（　　）。

A. 细实线　　B. 细虚线　　C. 细单点长画线　　D. 中实线

2. 关于符号╵┐说法正确的是（　　）。

A. 剖面符号，表示向左看　　B. 剖面符号，表示向右看

C. 断面符号，表示向左看　　D. 断面符号，表示向右看

3. 建筑剖面图中绘制图名和图例时，应采用的字高分别为（　　）。

A. 700，700　　B. 700，500　　C. 500，700　　D. 500，500

4. 下列各剖面元素中需要定义属性的是（　　）。

A. 标高　　B. 尺寸　　C. 门窗　　D. 楼梯

5. 剖面图中可见的门窗一般应绘制门窗的（　　）。

A. 平面　　B. 立面　　C. 剖面　　D. 以上都不是

6. 在绘制剖面图楼梯时，一般可以先绘制一层楼梯，然后对该层楼梯进行（　　）。

A. 镜像或复制　　B. 镜像或阵列

C. 复制或阵列　　D. 复制或偏移

7. 下列在绘图时不需要创建成块的是(　　)。

A. 轴编　　B. 标高　　C. 楼梯　　D. 墙体

8. 绘制楼梯栏杆和扶手时,一般采用的命令有(　　)。

A. 复制和直线　　B. 复制和多段线

C. 阵列和直线　　D. 阵列和多段线

9. 下列哪些不属于剖面楼梯元素(　　)。

A. 休息平台　　B. 梯梁　　C. 踏步　　D. 楼板

10. 剖面图中被剖到的墙体应采用(　　)。

A. 特粗实线　　B. 粗实线　　C. 中实线　　D. 细实线

二、问答题

1. 如何对标高和轴编定义属性?
2. 在绘制剖面楼梯时应注意哪些问题?
3. 怎样快速精确地为剖面图标注尺寸、标高?
4. 简述建筑剖面图的绘制流程。

项目六　建筑详图的绘制

学习目标

知识目标

● 了解建筑详图的用途、形成和内容

● 掌握同一绘图环境中不同绘图比例的图形的绘制以及《房屋建筑制图统一标准》中关于详图的绘图标准

● 掌握建筑详图的绘制流程、绘制方法和绘制技巧

能力目标

● 能应用各类命令快捷键快速绘制出楼梯平面详图、楼梯剖面图等元素，并进行尺寸和文字标注

● 能处理好各种绘图元素与《房屋建筑制图统一标准》的对应关系

建筑详图是指对建筑的细部或构配件，用较大比例（本项目采用 1∶50）将其形状、大小、材料和做法，按正投影图的画法详细表示出来的图样。建筑平面、立面、剖面图是建筑物施工图的主要图样，主要用来表达建筑物的形状、房间布局、内部结构、尺寸等，画图时一般采用较小的比例（本书采用 1∶100 比例），一些建筑构配件和剖面节点的详细构造、做法及施工要求在图上都无法标注、画出。为了满足施工需要，建筑物的某些部位必须绘制较大比例的图样才能清楚地表达。本项目将以绘制某居民楼楼梯详图为例，学习建筑详图的绘制方法和具体的绘制技巧。

任务一　绘制平面详图

一般每个楼层都要画一相对应的楼梯平面详图。若中间各层的楼梯位置及其梯段数、踏步数和大小相同，通常只需画出一层、中间层和顶层三个平面图。

一、绘制楼梯一层平面图

（一）绘制楼梯详图

1. 打开文件

打开“建筑施工图 . dwt”文件。

2. 绘制图样

按照下图 6－1 所示图样和尺寸绘制出一层楼梯平面详图，具体绘制步骤略。

3. 更改图样比例

由于该详图采用的比例是 1∶50，所以运行【缩放】命令 SC，比例输为“2”，将绘制出的一层平面图扩大一倍。

（二）标注详图

1. 标注文字

将字体高度设为“350”，标注出图名、图例及其他文字。

2. 标注尺寸

此步骤为详图绘制的关键点。“建筑施工图 .dwt”文件中平、立、剖设置比例为 1∶100，而详图比例为 1∶50，此时如果直接对上述绘制出的放大的楼梯一层平面图进行标注，则尺寸都会相应扩大一倍，例如 4 号轴线至 5 号轴线距离为 5200。现要求在同一绘图环境下设置不同的图形比例，而尺寸又不随图形变化而变化，则必须运行【dimlfac】命令，通过更改变量的值而达到想要的结果。

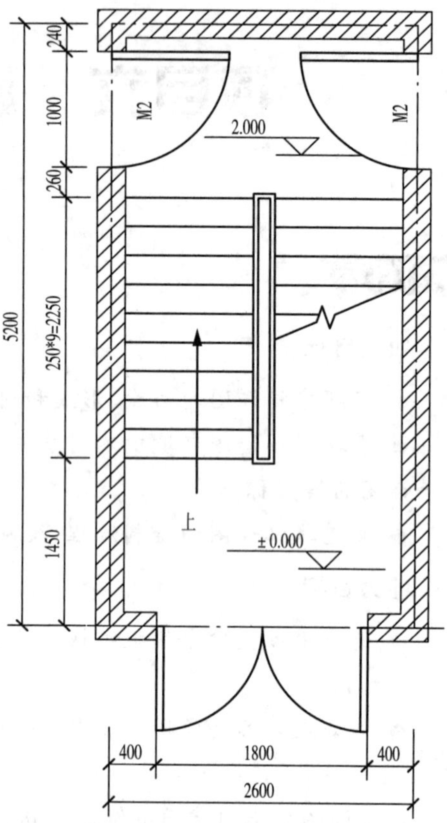

图 6－1　一层楼梯平面详图

具体步骤：

（1）运行【dimlfac】命令，在提示输入“dimlfac”的新值时，输入“0.5”，如图 6－2 所示。此时标注出来的尺寸数值将为实际标注值的一半，而尺寸标注其他属性均未发生变化。

图 6－2　设置尺寸标注新值

（2）标注尺寸如图 6－1 所示。运行【ED】快捷键，选择尺寸数字为“2250”的数字，然后输入“250×9＝2250”字样。

（3）绘制完剖切符号。

3. 标注轴编和标高

运行【插入块】命令 I，选择名为“横向轴编”“纵向轴编”和“标高”的块，标注该楼梯详图的轴编和标高。

二、绘制楼梯其他层平面详图

按楼梯一层平面详图绘制方法绘制楼梯其他层平面详图，方法同上。注意：一层楼梯、标准层楼梯和顶层楼梯平面图的区别。结果如图 6-3 所示。

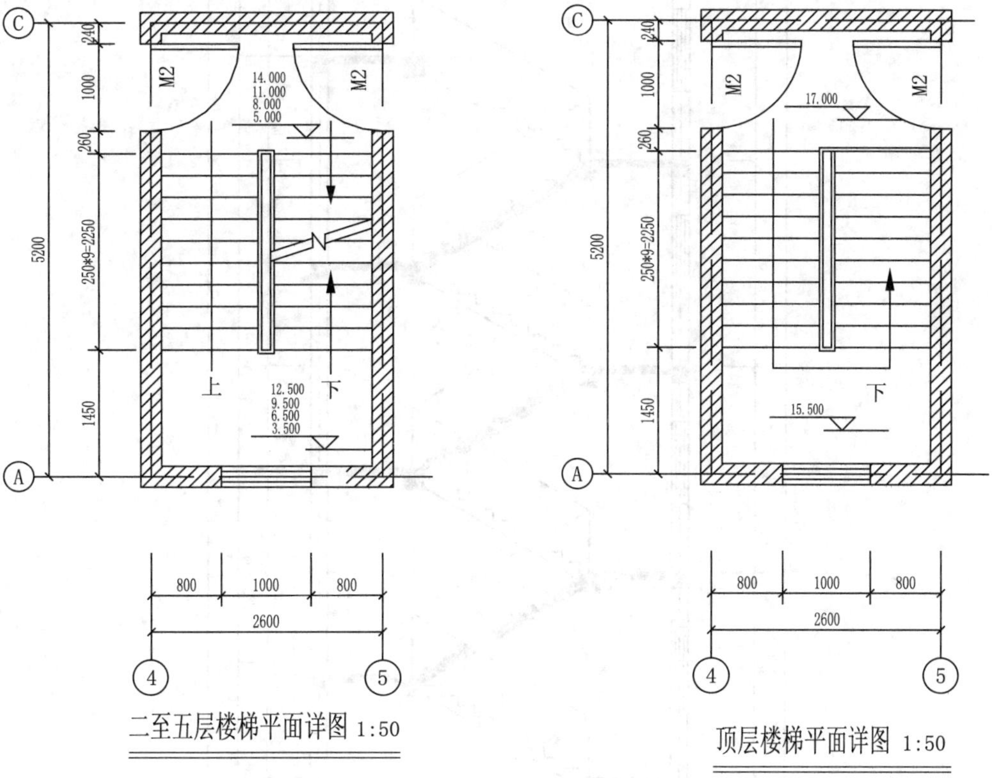

图 6-3　绘制好的其他层楼梯平面详图

任务二　绘制楼梯剖面详图

一、绘制楼梯剖面详图

(1)图 6-4 所示楼梯，每层只有两个梯段，称为双跑式楼梯。第一梯段的尺寸 150×10=1500，表示该梯段为 10 级，总高为 1500。被剖到的梯段需填充，未被剖到的梯段不需填充，绘制如图 6-4 所示楼梯剖面详图，具体绘制步骤类同项目五所讲，这里不再详细列出。

(2)将绘制出的 A—A 楼梯剖面详图通过缩放命令 SC 扩大 2 倍。

二、标注楼梯剖面图

标注图名、尺寸、标高和轴编，方法同楼梯平面详图。

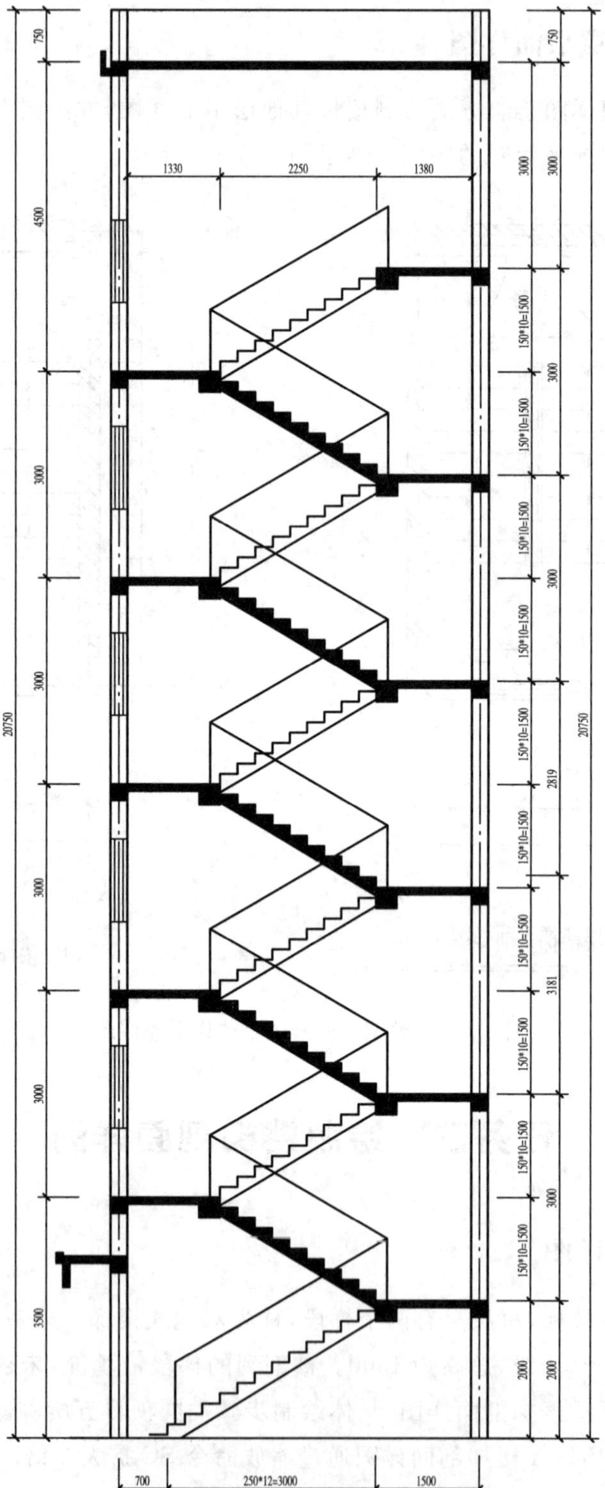

图 6-4　A—A 楼梯剖面详图

本项目小结

本项目介绍了绘制建筑详图的基本流程和步骤，具体讲解了楼梯平面详图和楼梯剖面详图的绘制。建筑详图是建筑平、立、剖面图的局部放大，所以详图的绘制比例一般来说比前三者大。读者需要认真掌握同一绘图环境下不同比例图形的绘制，此知识点为本项目的重点，也是难点。

同步测试

一、选择题

1. 绘制建筑详图常用的比例不包括(　　)。

A. 1∶10　　B. 1∶20　　C. 1∶50　　D. 1∶100

2. 下列哪个命令可以改变尺寸标注中尺寸数字的实际值大小(　　)。

A. DIMLFAC　　B. DIMLINEAR　　C. DIMCONTINUE　　D. DIMALIGNED

3. 在绘制楼梯平面详图时，3 层楼房以上至少要绘制(　　)个平面图。

A. 1　　B. 2　　C. 3　　D. 4

4. 在双跑楼梯平面图中显示有 20 跑，踏步宽为 250，踏步高为 150，则该层层高为(　　)mm。

A. 5000　　B. 2500　　C. 3000　　D. 1500

5. 绘制双跑楼梯剖面详图时，需要填充图案的是(　　)。

A. 没被剖切位置线剖到的那边　　B. 被剖切位置线剖到的那边

C. 两边都要填充　　D. 两边都不需填充

二、问答题

1. 什么是建筑详图？它的作用是什么？有什么特点？
2. 楼梯平面详图绘制中首层、标准层、顶层有什么区别？
3. 楼梯平面图中的踏面数为什么比楼梯级数少一个？
4. 简述在比例为 1∶100 的绘图环境下绘制的比例为 1∶50 的建筑详图在标注时应如何操作？

项目七　图形布局与打印输出

学习目标

知识目标

- 了解图形的导入与输出的流程
- 掌握图形绘制完成后打印输出的方法与技巧

能力目标

- 能应用 AutoCAD 完成建筑图的布局与打印输出
- 能处理实践中建筑图纸的打印输出问题

AutoCAD 提供了图形输入与输出接口，不仅可以将其他应用程序中处理好的数据传送给 AutoCAD，以显示其图形，还可以将 AutoCAD 中绘制好的图形打印出来，或者把绘制好的图形信息传送给其他应用程序。

任务一　图形的导入与输出

一、导入图形

执行【打开】(CTRL＋O)命令，或单击【文件】菜单中的【打开】命令，打开【选择文件】对话框，如图 7－1 所示。其中的“文件类型”下拉列表中，显示系统允许输入的图形文件的格式，如“图形”“标准”及“DXF”等。

二、插入 OLE 对象

OLE 就是对象链接和嵌入(Object Linking and Embedding)，它提供了一种用于不同应用程序的信息创建复合文档的强有力方法。对象可以是几乎所有的信息类型，如文字、位图、矢量图形，甚至声音注解和录像剪辑等。

执行【OLE 对象】(insertobj)命令，或单击【插入】菜单中的【OLE 对象】命令，打开【插入对象】对话框，如图 7－2 所示。

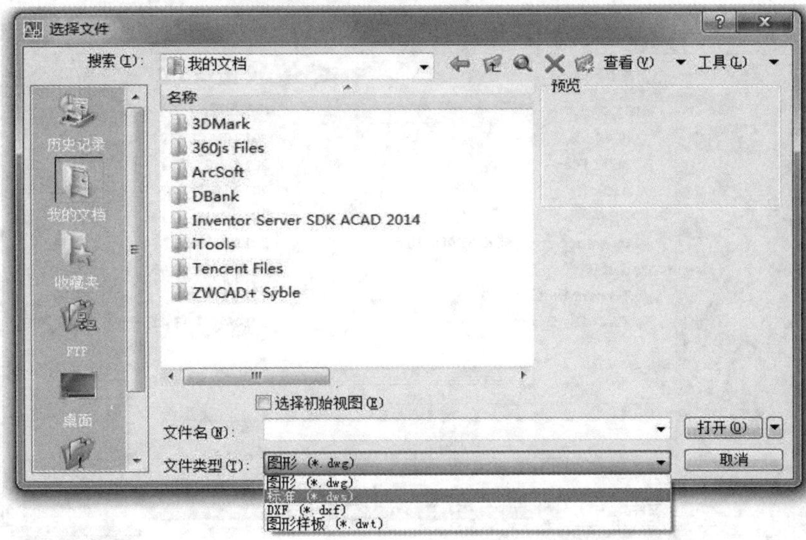

图 7-1 【选择文件】对话框

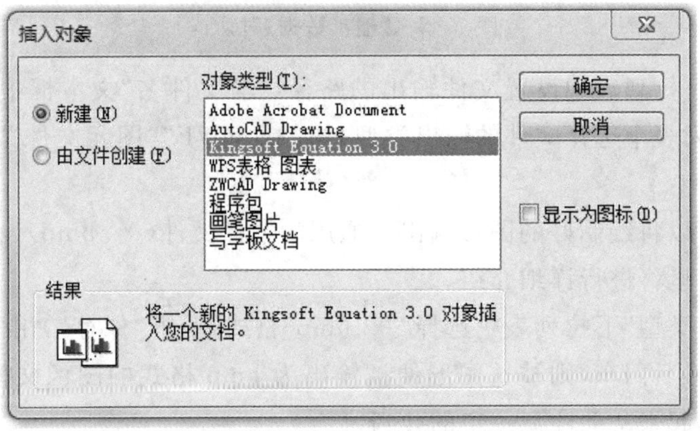

图 7-2 【插入对象】对话框

在弹出的对话框中可以选择“新建”，创建一个指定类型的 OLE 对象，嵌入当前图形中。

也可以选择“由文件创建”选项，指定一个已有的 OLE 文件。点击对话框中的“浏览”，将 OLE 对象插入当前图纸中。如果同时勾选上“链接”，OLE 对象会以链接的形式插入。

三、输出图形

执行【输出】(export)快捷键，或单击【文件】菜单中的【输出】命令，打开【输出数据】对话框，如图 7-3 所示。

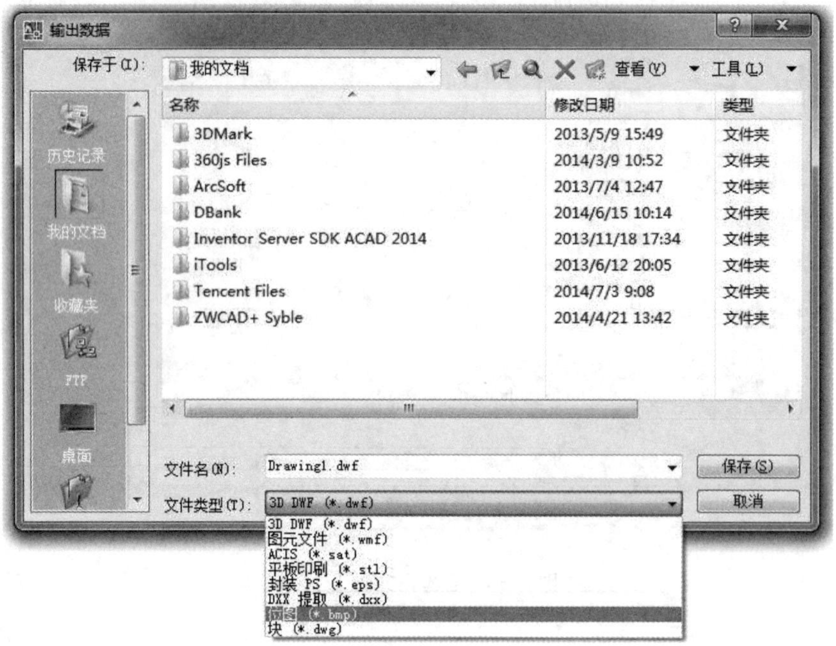

图 7－3 【输出数据】对话框

在“保存于”下拉列表中设置文件输出的路径，在“文件名”文本框中输入文件名称，在“文件类型”下拉列表中选择文件的输出类型，如“3D DWF”“图元文件”“ACIS”及“平板印刷”等。

AutoCAD 可以将绘制好的图形输出为通用的图像文件（＊.bmp），在一般的资料编制中应用广泛，在这里将进行详细介绍。

在保存“文件类型”下拉列表中选择“＊.bmp”格式，单击“保存”，用鼠标依次选中或框选出要输出的图形后回车，则被选图形便被输出为 bmp 格式的图像文件。这种输出方法虽然简单，但操作起来却要注意一定的技巧。

1. 保证输出图像的清晰度

AutoCAD 在输出图像时，通常以屏幕显示为标准。输出图像的图幅与 AutoCAD 图形窗口的尺寸相等，图形窗口中的图形按屏幕显示尺寸输出，输出结果与图形的实际尺寸无关。另外，屏幕中未显示部分无法输出。因此为了使输出图像能清晰显示，应在屏幕中将欲输出部分以尽量大的比例显示。

我们知道，AutoCAD 中图形显示比例较大时，圆和圆弧看起来由若干直线段组成，这虽然不影响打印结果，但在输出图像时，输出结果将与屏幕显示完全一致，因此，若发现有圆或圆弧显示为折线段时，应在输出图像前使用 vIEwres 命令，使圆和圆弧看起来尽量光滑逼真。

2. 控制输出图像的背景

输出图像的颜色通常也是与屏幕显示完全相同，即 AutoCAD 操作界面中的黑底白字效果，这可能与我们所需要的实际效果不同。这时我们可以使用【工具】菜单下的【选项】命令，在弹出的【选项】对话框中，选择【显示】选项卡，如图 7－4 所示，单击【颜色】按钮，在弹出的【颜色选项】窗口中，直接点击“颜色”中的白色或其他颜色后按两次【应用】，窗口背景颜色即发生变化。输出图像的颜色与实际绘图颜色完全一致。

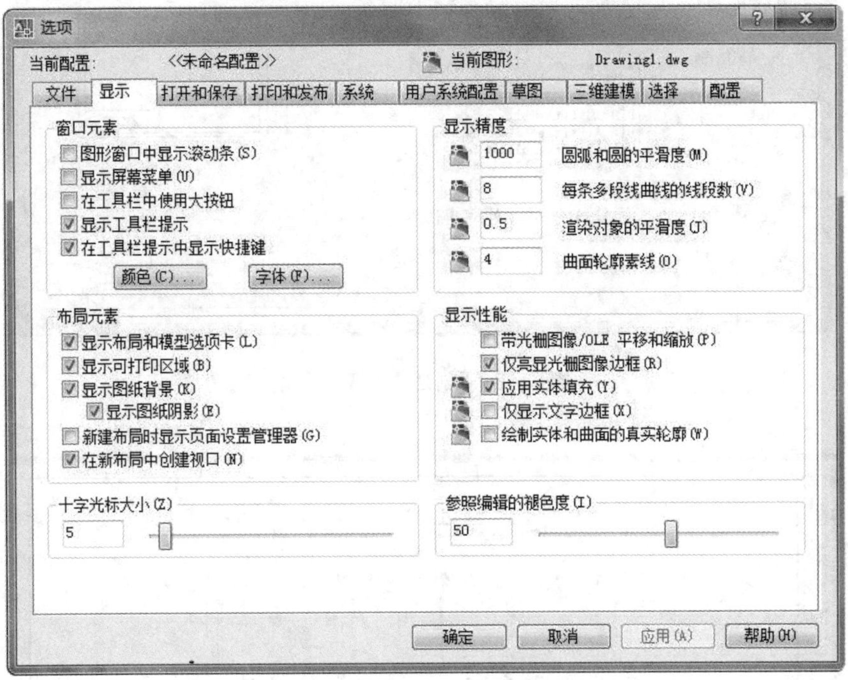

图 7－4 【选项】对话框

任务二 创建和管理布局

布局是一种图纸空间环境，它模拟图纸页面，提供直观的打印设置。在布局中可以创建并放置视口对象，还可以添加标题栏或其他几何图形。可以在图形中创建多个布局以显示不同视图，每个布局可以包含不同的打印比例和图纸尺寸。

一、使用布局向导创建布局

打开已经作好的图纸创建布局。单击【插入】菜单中的【布局】—【新建布局】命令，打开【创建布局】向导，如图 7－5 所示，可以指定打印设备，确定相应的图纸尺寸和图形的打印方向，选择布局中使用的标题栏或确定视口设置。

以上设置完成后，执行 preview 命令，或点击【打印预览】，如图 7－6 所示。在打印预览中线条显示为彩色，如果输出采用的是彩色打印机，点击【确认】即可完成打印设置。

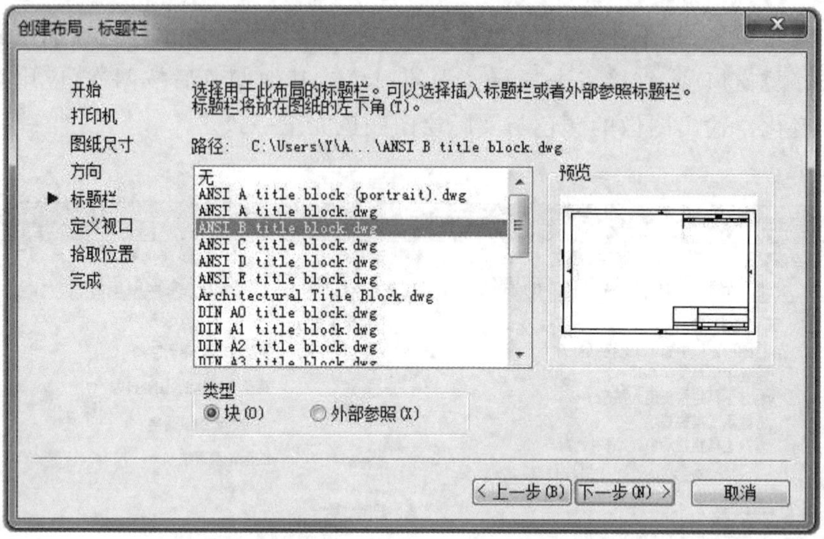

图 7-5 【创建布局】对话框

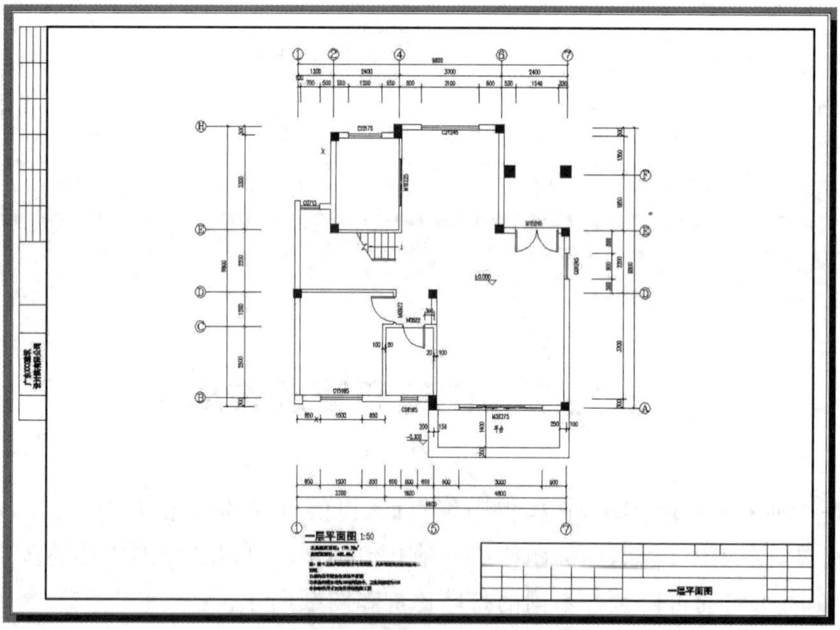

图 7-6 打印预览

一般情况下建筑类图纸输出为黑白色，需要执行 plot 命令，或点击【打印】，在“打印样式表”中选择“acad. ctb”样式，如图 7-7 所示。

并点击右侧按钮，打开【打印样式表编辑器】对话框，如图 7-8 所示。选择“格式视图”，在“打印样式”的对话框里，按住 shift 键选中全部 255 种颜色，在右侧“特性”→“颜色”中，选中“黑色”，点击最下面的【保存并关闭】按钮，退出样式编辑。

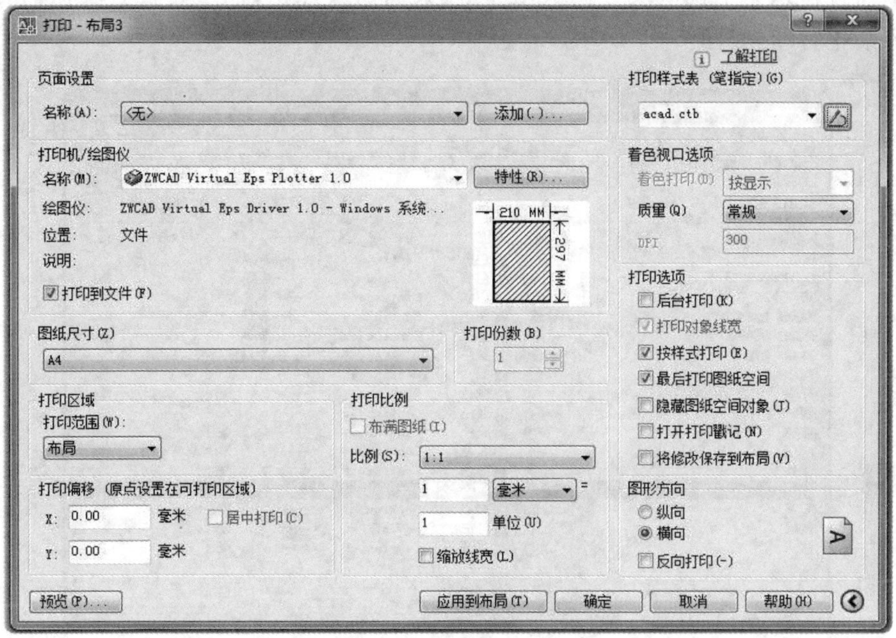

图 7-7 【打印】对话框

图 7-8 【打印样式表编辑器】对话框

如果在打印预览中视口线有显示，这时候我们需要点击【图层特性管理器】，将视口图层设置为禁止打印，如图 7－9 所示。

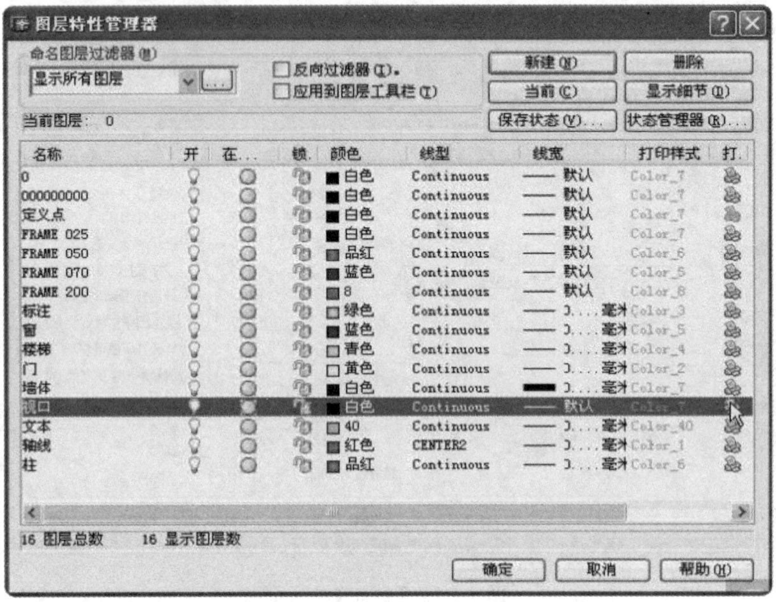

图 7－9 【图层特性管理器】对话框

【小贴士】 运用【创建布局】向导设置布局时，应根据已经作好的图形确定方向，标题栏的设置可以选择软件自带的也可以自己绘制，选择“拾取位置”可以在图形中指定图形在视口中的位置。

二、使用浮动视口管理布局

在 AutoCAD 中，可以创建多种布局，每个布局都代表一张单独的打印输出图纸。创建新布局后就可以在布局中创建浮动视口。视口中的各个视图可以用不同的比例，并能够控制视口中图层的可见性。可以创建布满整个布局的单一布局视口，也可以在布局中创建多个布局视口。创建视口后，可以根据需要更改其大小、特征、比例或者对其移动。

（一）删除浮动视口

在布局图中，选择浮动视口边界，然后按 Delete 键即可删除浮动视口。

（二）新建浮动视口

执行【视口】（MVIEW）命令，可以创建布满整个布局的单一布局视口，也可以在布局中创建多个布局视口。关于【视口】的相关命令，也可以直接调出【视口】的工具栏进行操作。将光标放在任一工具栏的非标题区，单击鼠标右键，系统会自动打开工具栏快捷菜单。单击其中为【视口】的工具栏名称，系统会自动打开该工具栏，如图 7－10 所示。

单击【视口】工具栏中的【显示视口对话框】命令，打开【视口】对话框，如图 7－11 所示，此时需要指定创建浮动视口的数量和区域。

图 7－10 【视口】工具栏

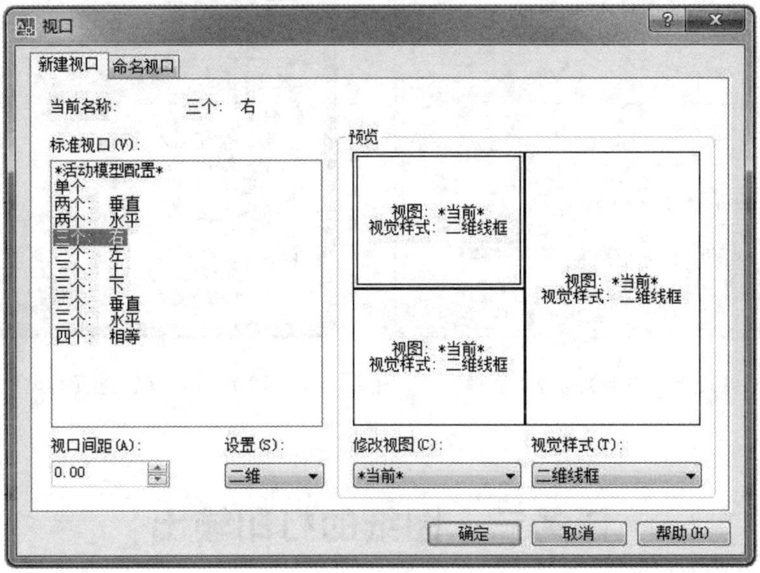

图 7－11 【视口】对话框

（三）编辑视口

要编辑模型，必须激活浮动视口，进入浮动空间。激活浮动视口的方法有多种，例如可以执行 mspace 命令激活或双击浮动视口区域中的任意位置激活。编辑完成后可以执行 pspace 命令退出当前浮动视口。

（四）创建多边形视口

执行【视口】(MVIEW)—“多边形(P)”命令，或单击【视口】工具栏中的【多边形视口】命令，可以创建多边形形状的浮动视口。

（五）裁剪视口

执行【裁剪视口】(vpclip)命令，或单击【视口】工具栏中的【裁剪现有视口】命令，可以指定点或选择对象，以定义新的视口边界。

三、布局的页面设置

执行【页面设置管理器】(pagesetup)命令，或单击【文件】菜单中的【页面设置管理器】命令，打开【页面设置管理器】对话框，如图 7－12 所示。

单击“新建”按钮，打开【新建页面设置】对话框，如图 7－13 所示，可以在其中创建新的布局。

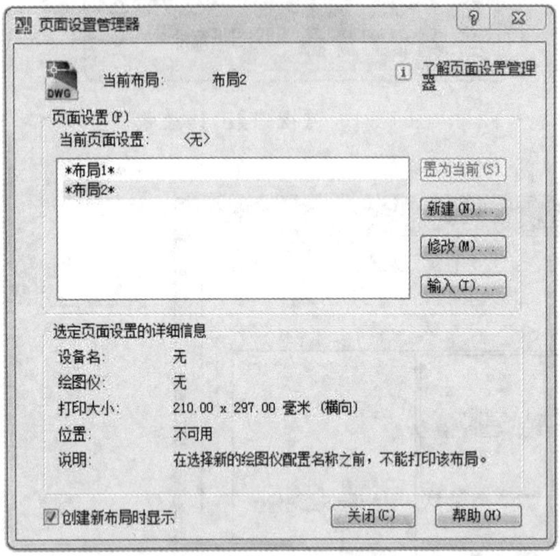

图 7-12 【页面设置管理器】对话框

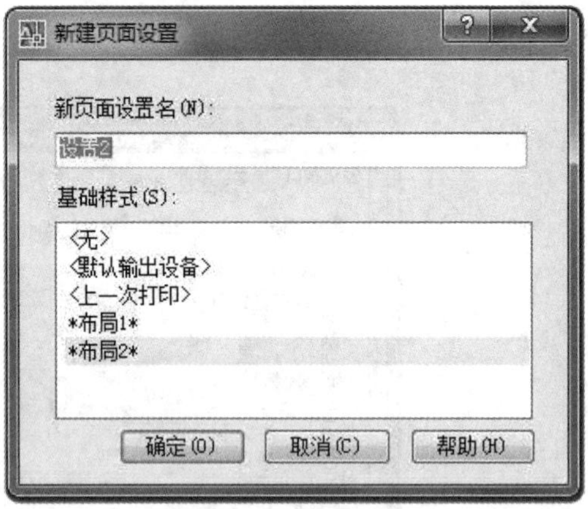

图 7-13 【新建页面设置】对话框

任务三　图纸的打印输出

创建完图形之后，通常要打印到图纸上，也可以生成一份电子图纸，以便从互联网上进行访问。对图形进行打印的时候，可以采用在模型空间中绘制图框并直接打印，也可以采用布局视口进行打印。

一、打印预览

在打印出图之前，执行【打印预览】(preview)命令，或点击【打印预览】，预览输出结果，以检查设置是否正确。

二、打印图形

执行【打印】(plot)命令，或单击【文件】菜单中的【打印】命令，打开【打印】对话框，如图 7-14 所示。如果只是对绘图区中某一个图形打印，可以在“打印区域”的“打印范围”下拉列表中选择“窗口”后，再到绘图区中框选要打印的范围，“打印偏移”选择“居中打印”即可。

三、将 AutoCAD 图形输出到网页

由于 Internet 使用的日益广泛，利用 Internet 进行设计和交流成为发展的趋势。如果只想给别人看一看自己的设计，或对方没有安装 AutoCAD，那就要用到 DWF 文件格式。

AutoCAD 的 eplot 图形输出功能可生成 DWF 格式文件，这是一种“电子图形文件”，能在 Internet 上发表。DWF 能够以 Web 图形格式保存，用浏览器可以打开、查看和打印，并支持实

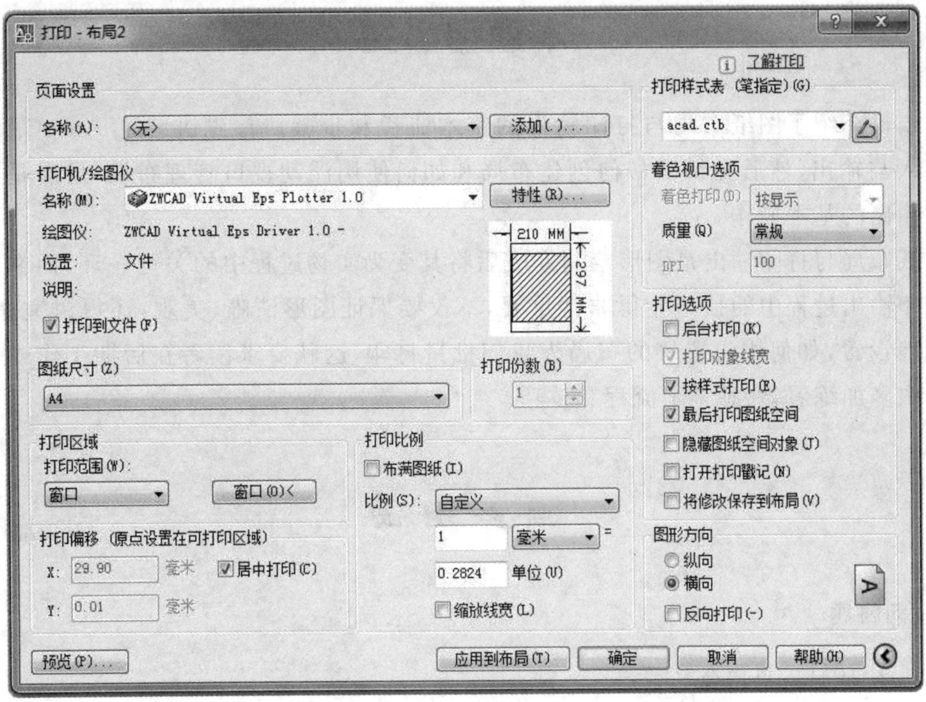

图 7-14 【打印】对话框

时平移和缩放、图层、命名视图和嵌入超级链接的显示。但是 DWF 不能直接转化成可以利用的 DWG,也没有图线修改的功能,这样却在某种程度上保证了设计数据的安全。

要将图形输出为 DWF 格式,首先要打开输出的图形文件,执行【打印】命令,打开【打印】对话框,在"打印机/绘图仪"标签的下拉列表中选"DWF6. ePlot. pc3"方式,如图 7-15 所示。如果有必要,还可以按下"特性"按钮,细致地设置 DWF 的有关参数,在"打印到文件"栏目中输入文件名和文件位置描述,文件位置可以是本地文件夹、局域网上位置或者 Internet 上的 URL。

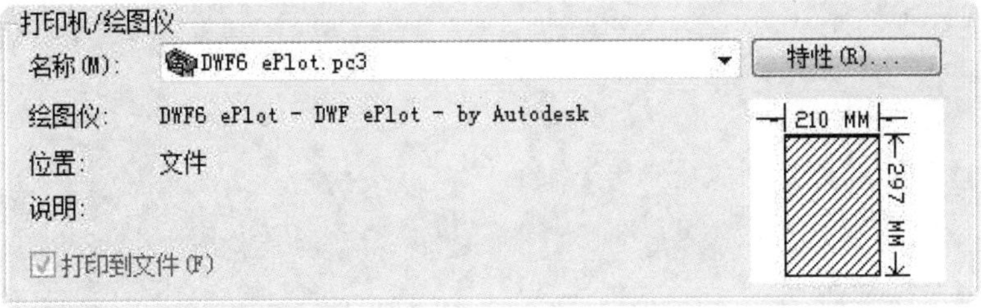

图 7-15 "打印机/绘图仪"标签

在"打印设置"标签,设置绘图输出的一般选项参数。DWF 作为设计结果发布的手段,没有必要硬性设定输出比例,在确定了图纸大小之后,将打印比例设置成"按图纸空间缩放"就能满足一般的要求了。预览之后,就可以输出了。

本项目小结

本项目介绍了图纸布局与打印输出的基本流程和步骤。首先讲解了 AutoCAD 中图形的导入与输出，然后介绍了如何创建布局和如何使用浮动视口管理布局，最后是图纸的打印与输出的基本操作。

图纸布局与打印输出是图形绘制完成后将其变为实物过程中的关键一环，而在图纸布局与打印输出过程中的技巧显得非常重要，不仅要保证图形清晰、美观，还得讲究速度，如何快速地设置，如何用设置好的布局为我们批量打印，这就要求读者在后期工作或者学习的过程中多加练习，熟悉整个流程和技巧。

同步测试

一、问答题

1. 如何控制输出图像的背景？

2. 如何将 AutoCAD 图形输出到网页？

二、上机练习

1. 建立一个新的图形文件，并将此文件存为“用户名 . dwg”。

2. 在上一步骤的基础上建立一个新的布局，然后将此文件以“DWG to PDF. pc3”方式输出到桌面，要求图纸输出颜色为黑白色。

项目八　天正建筑在建筑制图中的使用

学习目标

知识目标

- 了解天正建筑软件界面、主要功能及屏幕菜单的使用。
- 掌握天正建筑软件在创建各类建筑构件过程中的方法和技巧。
- 掌握利用天正建筑软件绘制建筑平面图、立面图、剖面图的流程。

能力目标

- 能应用天正建筑软件提供的各类工具快速绘制轴网、墙体、柱子、门窗、楼梯等基本构件并进行尺寸和文字标注。
- 能操作天正建筑软件用户界面，按照天正做建筑设计的流程，采用【项目管理】工具生成建筑立面图及剖面图。

天正建筑 TArch 软件以工具集为突破口，结合 AutoCAD 图形平台的基本功能，使得它在平面、立面、剖面图形的绘制方面，都有灵活适用的辅助工具。本项目将从专业角度出发，以某别墅为典型的操作案例，介绍运用 TArch2013 提供的工具绘制轴网、柱子、墙体、门窗、阳台、楼梯及屋顶等的方法，以及生成建筑立面图和剖面图的流程。

任务一　天正建筑基础知识与基本操作

一、天正建筑软件简介

天正系列软件是由北京天正工程软件有限公司开发的一套工程制图软件。天正系列软件是国内最早在 AutoCAD 平台上开发的商品化软件之一，目前已具有相当规模，今天的天正软件已发展成为涵盖建筑设计、装修设计、暖通空调、给水排水、建筑电气与建筑结构等多项专业的系列软件，这些软件中天正建筑软件应用最为广泛。

天正建筑软件提出了分布式工具集的建筑软件思路，彻底摒弃流程式的工作方式，提供了一系列独立的、智能高效的绘图工具。由于天正建筑软件采用了由较小的专业绘图工具命令所组成的工具集，所以使用起来非常灵活、可靠，而且在软件运行中不对 AutoCAD 命令的使用功能加以限制，反过来，天正建筑软件只是去弥补 AutoCAD 软件不足的部分，天正建筑软件的主要作用就是使 AutoCAD 由通用绘图软件变成了专业化的建筑 CAD 软件。

二、天正建筑的基础知识

(一)折叠式屏幕菜单

天正软件的主要功能都列在"折叠式"三级结构的屏幕菜单上,如图 8-1 所示,上一级菜单可以单击展开下一级菜单,同级菜单互相关联,展开另外一个同级菜单时,原来展开的菜单自动合拢。二到三级菜单项是天正建筑的可执行命令或者开关项。当光标移到菜单项上时,AutoCAD 的状态行会出现该菜单项功能的简短提示。

折叠式菜单效率最高,但由于屏幕的高度有限,在展开较长的菜单后,有些菜单项无法完全在屏幕可见,为此可用鼠标滚轮上下滚动菜单,快速选取当前不可见的项目,或者用右键点击上级菜单显示下级菜单。

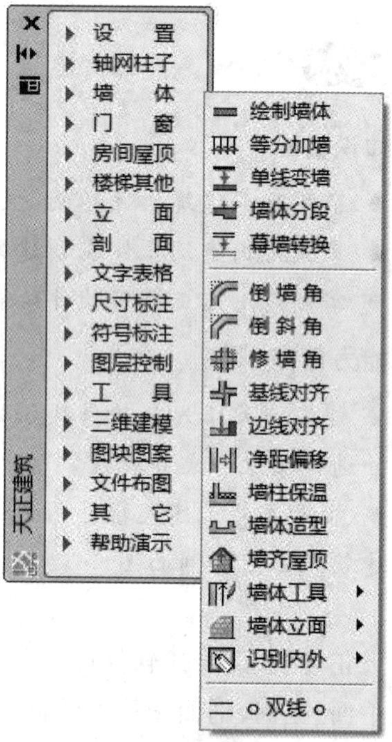

图 8-1 天正菜单

(二)默认与自定义图标工具栏

天正图标工具栏兼容的图标菜单,由三条默认工具栏以及一条用户定义工具栏组成。如图 8-2 所示,默认工具栏把分属于多个子菜单的常用天正建筑命令收纳其中,避免反复的菜单切换,进一步提高效率。光标移到图标上稍作停留,即可提示各图标功能。

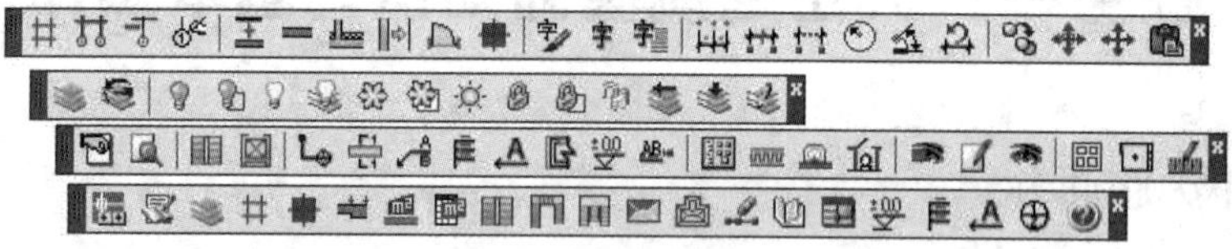

图 8-2 默认工具栏与用户定义工具

(三)选项设置与自定义界面

在屏幕菜单中【设置】→【自定义】命令是专用于修改与用户操作界面有关的参数设置而设计的,如图 8-3 所示,包括屏幕菜单、操作配置、基本界面、工具条、快捷键。

在屏幕菜单中【设置】→【天正选项】命令是专门用于修改与工程设计作图有关的参数而设计的,如绘图的基本参数、墙体的加粗、填充图案等的设置。如图 8-4 所示,其中"高级选项"列出的是长期有效的参数,不仅对当前图形有效,对机器重启后的操作都会起作用。

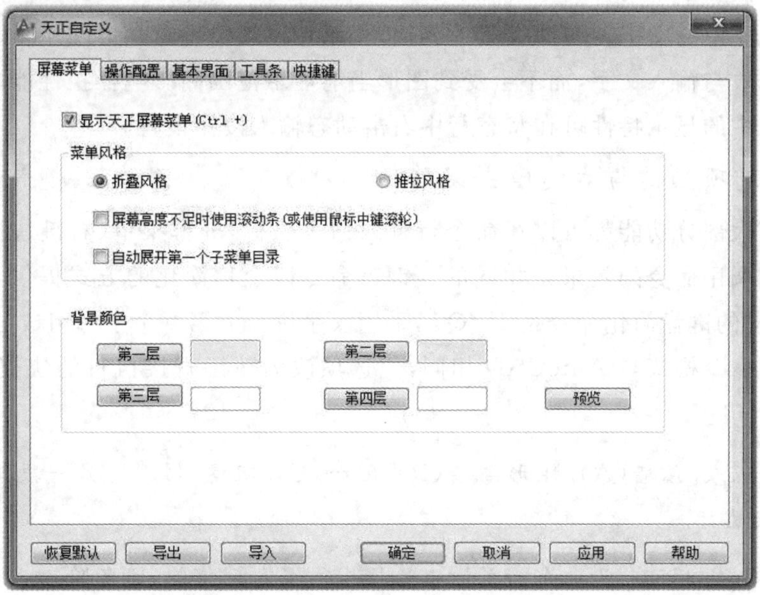

图 8-3 【自定义】对话框

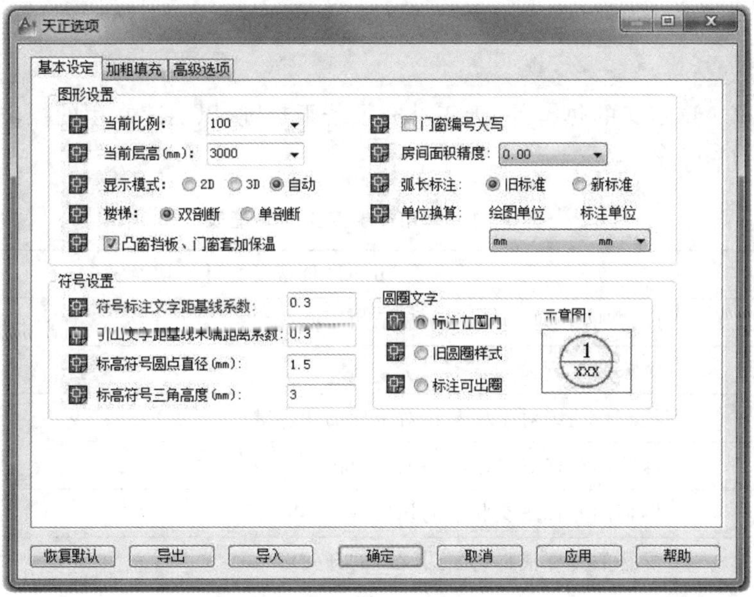

图 8-4 【天正选项】对话框

三、天正建筑的基本操作

(一)在位编辑框与动态输入

在位编辑框是对所有尺寸标注和符号说明中的文字进行在位编辑,而且提供了与其他天正文字编辑同等水平的特殊字符输入控制，可以输入上下标、钢筋符号、加圈符号，还可以调用专业词库中的文字。与同类软件相比，天正在位编辑框总是以水平方向合适的大小提供编辑框修改与输入文字，而不会受到图形当前显示范围而影响操控性能。

动态输入中的显示特性可在状态行中右击动态输入按钮设置。

(二)命令行选项热键与右键慢击菜单

天正建筑大部分功能都可以在命令行键入命令执行，屏幕菜单、右键快捷菜单和键盘命令三种形式调用命令的效果是相同的。键盘命令以全称简化的方式提供，例如【绘制墙体】菜单项对应的键盘简化命令是 HZQT，采用汉字拼音的第一个字母组成。

天正建筑命令格式与 AutoCAD 相同，但选项改为热键直接执行的快捷方式，不必回车，例如：

直墙下一点或[弧墙(A)/矩形画墙(R)/闭合(C)/回退(U)]<另一段>：键入 A/R/C/U 均可直接执行。

“鼠标右键慢击菜单”为命令行关键字选择提供了右键菜单，可免除键入关键字的键盘操作；当命令行有选项关键字时，右键慢击鼠标可弹出快捷菜单供用户选择关键字，而右键快击仍然代表传统的确定操作。“Options(选项)→用户系统配置→自定义右键单击”中可对此特性进行自定义。

(三)常用热键

除了 AutoCAD 定义的热键外，天正补充了若干热键，以加速常用的操作，表 8－1 是常用热键定义与功能。

表 8－1　常用热键定义与功能表

F1	AutoCAD 帮助文件的切换键
F2	屏幕的图形显示与文本显示的切换键
F3	对象捕捉开关
F6	状态行的绝对坐标与相对坐标的切换键
F7	屏幕的栅格点显示状态的切换键
F8	屏幕的光标正交状态的切换键
F9	屏幕的光标捕捉(光标模数)的开关键
F11	对象追踪的开关键
F12	动态输入(DYN)开关
Ctrl＋ ＋	屏幕菜单的开关
Ctrl＋ －	文档标签的开关
Shift＋F12	墙和门窗拖动时的模数开关
Ctrl＋ ～	工程管理界面的开关

任务二　用天正绘制建筑平面图

建筑平面图作为建筑设计、施工图纸中的重要组成部分，应体现出建筑物或构筑物的墙体、门窗、楼梯、阳台及内部功能布局等建筑情况。在本任务中，我们将通过别墅实例来详细阐述建筑平面图的绘制，将要绘制的建筑平面图如图 8－5 所示。

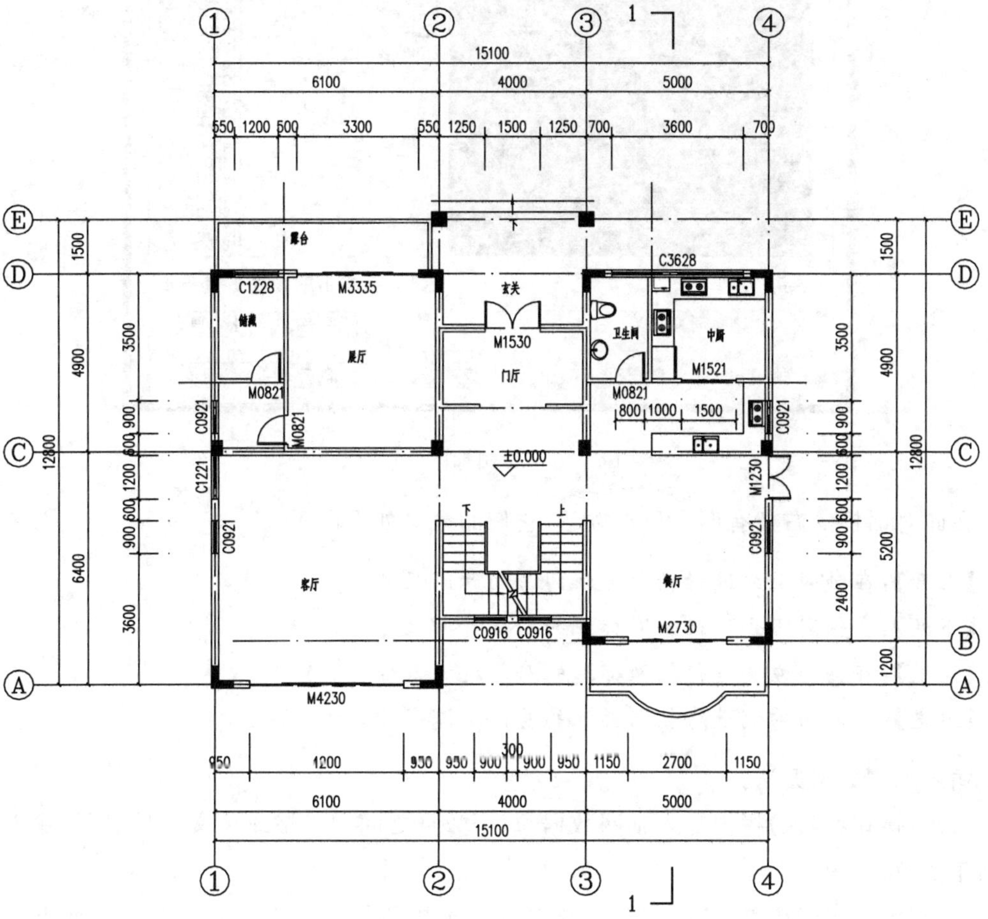

图 8－5　一层平面图

绘制建筑平面图将按照：绘制轴网和柱子→绘制墙体→绘制门窗→创建室内外构件→创建房间屋顶→图形尺寸标注→图形文字及符号标注的顺序进行。

一、绘制轴线

轴网是由两组到多组轴线与轴号、尺寸标注组成的平面网格，它将是建筑物单体平面布置和墙柱构件定位的依据。完整的轴网由轴线、轴号和尺寸标注三个相对独立的系统构成。

(一)创建轴线

进入 TArch 的操作视图中，在屏幕菜单中选择【轴网柱子】→【绘制轴网】(HZZW)，单击【绘制轴网】命令后，显示图 8-6 对话框。

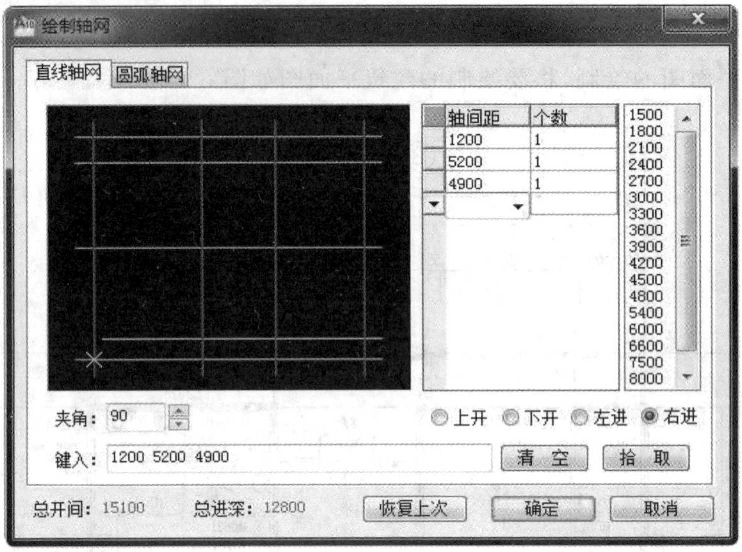

图 8-6 “绘制轴网”对话框

在此对话框的右角有四个单选按钮，它们的含义如下所示：

【上开】：在轴网上方进行轴网标注的房间开间尺寸。

【下开】：在轴网下方进行轴网标注的房间开间尺寸。

【左进】：在轴网左侧进行轴网标注的房间进深尺寸。

【右进】：在轴网右侧进行轴网标注的房间进深尺寸。

输入轴网数据方法：

(1)直接在【键入】栏内键入轴网数据，每个数据之间用空格或英文逗号隔开，输入完毕后回车生效。

(2)在电子表格中键入【轴间距】和【个数】，常用值可直接点取右方数据栏或下拉列表的预设数据。

在对话框中输入所有尺寸数据后，点击【确定】按钮。此时可拖动基点插入轴网，直接点取轴网目标位置或按选项提示回应，生成的轴网如图 8-7 所示。

【小贴士】 如果第一开间(进深)与第二开间(进深)的数据相同，可直接调整【个数】，不必输入第二开间(进深)数据。

输入的尺寸定位应以轴网的左下角轴线交点为基点，也就是说，多层建筑各平面同号轴线交点在图面上的位置应一致。

图 8-7　绘制轴网

(二)轴线标注

轴网的标注包括轴号标注和尺寸标注，轴号可按规范要求用数字、大写字母、小写字母、双字母、双字母间隔连字符等方式标注，可适应各种复杂分区轴网。按照《房屋建筑制图统一标准》的规定，字母 I、O、Z 不用于轴号，在排序时会自动跳过这些字母。

在屏幕菜单中选择【轴网柱子】→【轴网标注】(ZWBZ)。单击【轴网标注】命令后，显示图 8-8 对话框。本命令对始末轴线间的一组平行轴线或者径向轴线进行轴号和尺寸标注。

图 8-8　【轴网标注】对话框

在【轴网标注】对话框中选择【单侧标注】或【双侧标注】，并输入起始轴号。根据命令行提示应点取要标注的始末轴线及不需要标注的轴线，系统自动轴线标注如图 8-9 所示。

(三)编辑轴号

在制图过程中有时为了满足一些特殊的标注要求，例如对轴号进行重新编号，删除多余没有标注意义的轴号，对一些单独的轴号对象进行编辑等。

1. 单轴变号

将鼠标移动到相应的轴号上，单击鼠标右键，从弹出的快捷菜单中选择【对象编辑】选项，如图 8-10 所示，随后在命令提示信息中显示出多个选项，其中一项就是【单轴变号】(DZBH)，如图 8-11 所示。

单击【单轴变号】命令后，根据命令提示，选取需要更改的轴号，并输入新的轴号。

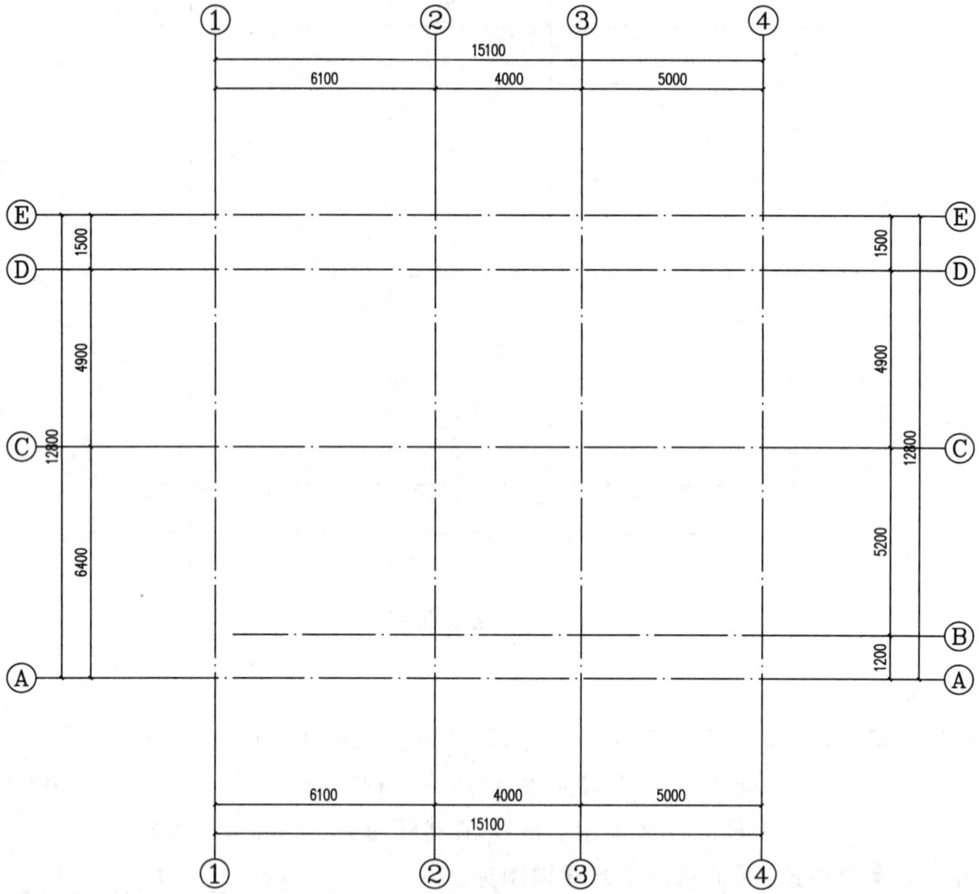

图 8－9　标注轴号和轴网尺寸

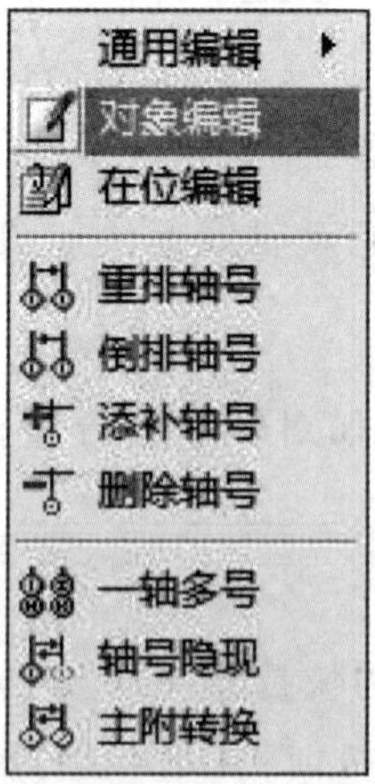

图 8－10　对象编辑

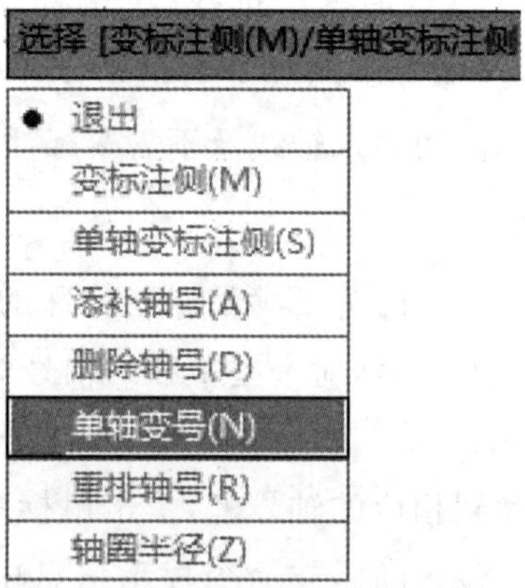

图 8－11　单轴变号

2. **添补轴号**

本命令可在矩形、弧形、圆形轴网中对新增轴线添加轴号，新添轴号成为原有轴网轴号对象的一部分，但不会生成轴线，也不会更新尺寸标注，适合为以其他方式增添或修改轴线之后进行的轴号标注。

在屏幕菜单中选择【轴网柱子】→【添补轴号】(TBZH)。单击【添补轴号】命令后，根据命令提示：

请选择轴号对象<退出>：点取与新轴号相邻的已有轴号对象，不要点取原有轴线。

请点取新轴号的位置或[参考点(R)]<退出>：光标位于新增轴号的一侧正交同时键入轴间距。

新增轴号是否双侧标注？(Y/N)[Y]：根据要求键入Y或N，为Y时两端标注轴号。

新增轴号是否为附加轴号？(Y/N)[N]：根据要求键入Y或N，为N时其他轴号重排，Y时不重排。

3. **删除轴号**

在屏幕菜单中选择【轴网柱子】→【删除轴号】(SCZH)。单击【删除轴号】命令后，使用窗选方式，选取单个或多个需要删除的轴号，并可根据需要决定是否调整轴号。

本命令用于在平面图中删除个别不需要轴号的情况，被删除轴号两侧的尺寸将合并为一个尺寸。

【小贴士】 将鼠标移动到相应的轴号上，单击鼠标右键，通过快捷菜单中的【对象编辑】选项，可以实现各种类型的编辑，包括【添补轴号】、【重排轴号】及【删除轴号】等。

二、绘制柱子

天正建筑软件以自定义对象来表示柱子，但各种柱子对象定义不同，标准柱用底标高、柱高和柱截面参数描述其在三维空间的位置和形状，构造柱用于砖混结构，只有截面形状而没有三维数据描述，只服务于施工图。

(一)插入标准柱

在屏幕菜单中选择【轴网柱子】→【标准柱】(BZZ)。单击【标准柱】命令后，显示图8－12所示对话框。

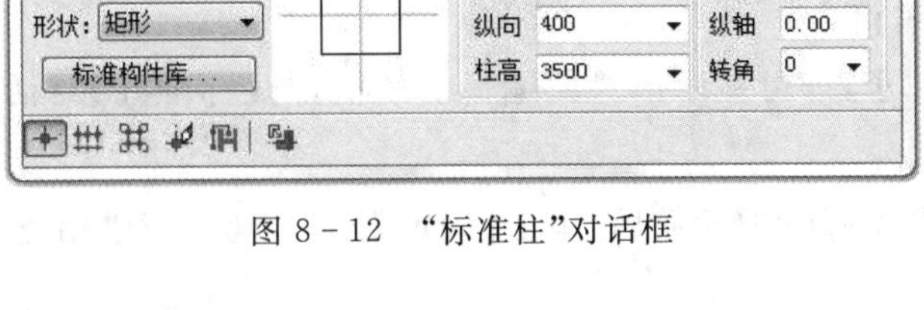

图8－12 “标准柱”对话框

设置柱的参数，包括材料、截面形状、截面尺寸及柱子中心偏移定位轴交叉点的距离和角度。

设置好柱子的参数后，单击其下面的工具栏图标，选择柱子的定位方式；关于柱子的定位方式有以下几种方式：

[点选插入柱子]：优先捕捉轴线交点插柱，如未捕捉到轴线交点，则在点取位置按当前UCS方向插柱。

[沿一根轴线布置柱子]：在选定的轴线与其他轴线的交点处插柱。

[矩形区域的轴线交点布置柱子]：在指定的矩形区域内，所有的轴线交点处插柱。

[替换图中已插入柱子]：以当前参数的柱子替换图上的已有柱，可以单个替换或者以窗选成批替换。

[选择Pline创建异形柱]：以图上已绘制的闭合Pline线就地创建异形柱。

[在图中拾取柱子形状或已有柱子]：以图上已绘制的闭合Pline线或者已有柱子作为当前标准柱读入界面，接着插入该柱。

以“矩形区域布置”方式为例：

在对话框中设置完所有尺寸数据后，单击【矩形区域布置】按钮，命令行显示：

第一个角点＜退出＞：取区域对角两点框选范围，给出第一点；

另一个角点＜退出＞：给出第二点，在框选范围内系统自动布置柱子。

完成绘制后，柱子为空心矩形柱，如果要显示为实心柱子，可以单击绘图区下方的【填充】开/关按钮来选择填充，如图8-13所示。

【小贴士】 对于【偏心转角】其中旋转角度在矩形轴网中以 *X* 轴为基准线；在弧形、圆形轴网中以环向弧线为基准线，以逆时针为正，顺时针为负自动设置。

（二）柱子的编辑

已经插入图中的柱子，如需要成批修改，可使用柱子替换功能或者特性编辑功能，当需要个别修改时应充分利用夹点编辑和对象编辑功能。

1. 柱子的替换

在屏幕菜单中选择【轴网柱子】→【标准柱】(BZZ)。单击【标准柱】命令后，在对话框中输入新的柱子数据，然后单击柱子下方工具栏的【替换】图标，如图8-14所示。将光标移动到图形中，选择要替换的柱子。

2. 柱子的对象编辑

双击要编辑的柱子，即可显示出对象编辑对话框，与【标准柱】对话框类似，如图8-15所示。

在此对话框中设置好各项参数后，单击【确定】按钮，既可完成相应的编辑操作。

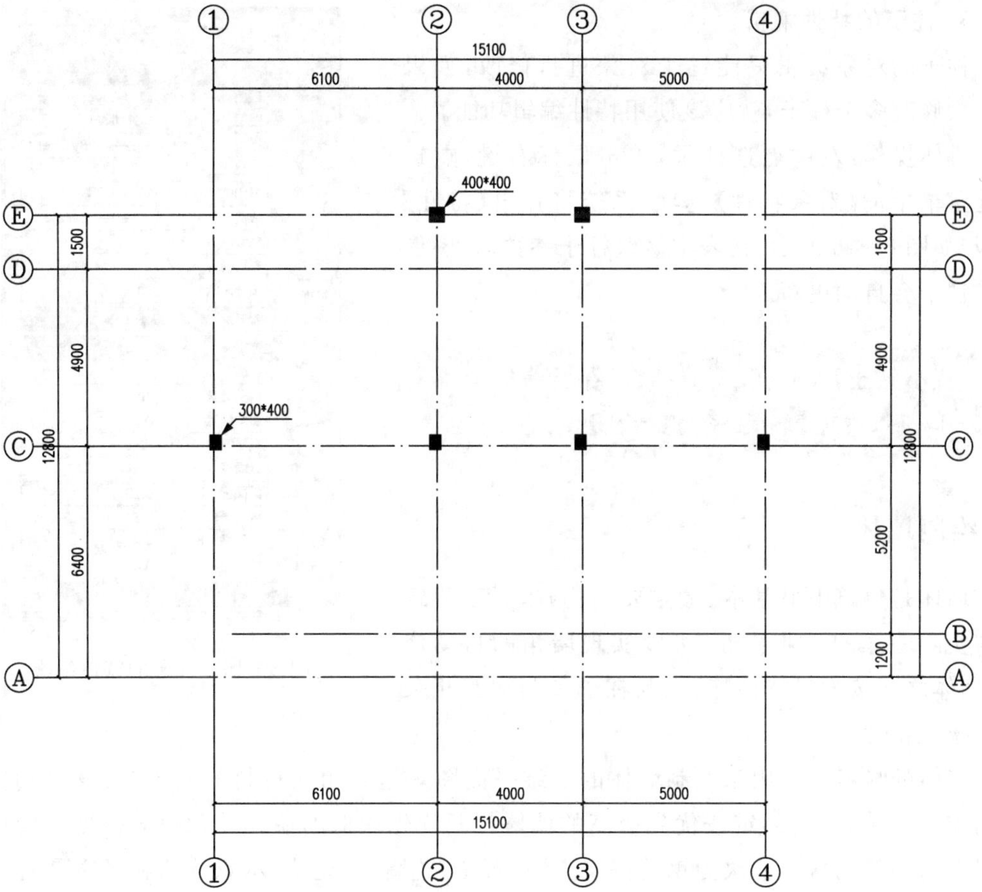

图 8－13　柱子的绘制

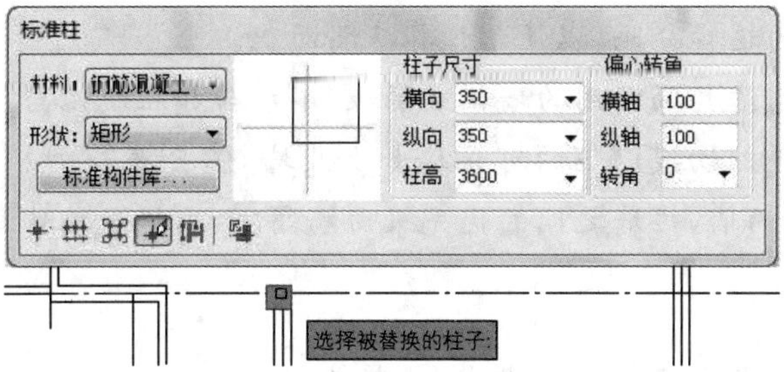

图 8－14　柱子的替换

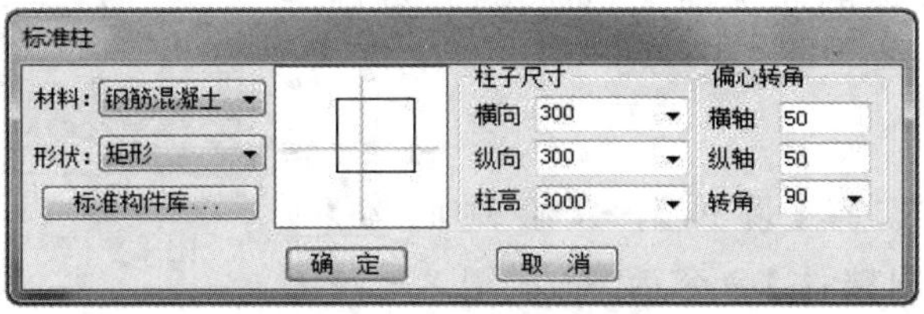

图 8－15　柱子的对象编辑

3. 柱子的特性编辑

柱子的对象编辑只能逐个对象进行修改，如果要一次修改多个柱子，就应该使用特性编辑功能。

具体操作：左键点选柱子，单击鼠标右键，点选快捷菜单中的【对象特性】选项，系统将弹出【特性】面板，如图 8-16 所示，在表中修改柱子参数后，图形中各柱子会自动更新。

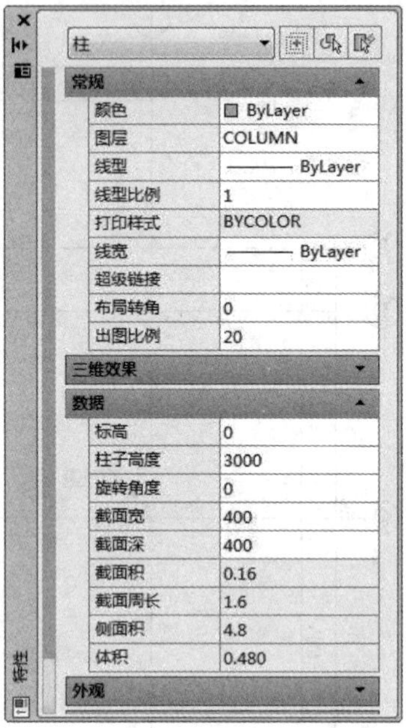

图 8-16　柱子的特性编辑

> **【小贴士】** 使用 AutoCAD 特性编辑功能(Ctrl+1)，亦可显示柱子的【特性】表。

三、绘制墙体

墙体是建筑中最基本、最重要的构建，天正建筑模拟实际墙体的专业特性，可以实现墙角的自动修剪、墙体之间按材料特性连接、与柱子和门窗互相关联等智能特性。

墙体的材料类型用于控制墙体的二维平面图效果。相同材料的墙体在二维平面图上墙角连通一体，系统约定按优先级高的墙体打断优先级低的墙体的预设规律处理墙角，优先级由高到低的材料依次为钢筋混凝土墙、石墙、砖墙、填充墙、示意幕墙和轻质隔墙。

天正建筑软件定义的墙体按用途分为以下几类：

一般墙：包括建筑物的内外墙，参与按材料的加粗和填充。

虚墙：用于空间的逻辑分隔，以便于计算房间面积。

卫生隔断：卫生间洁具隔断用的墙体或隔板，不参与加粗填充与房间面积计算。

矮墙：表示在水平剖切线以下的可见墙如女儿墙，不会参与加粗和填充。矮墙的优先级低于其他所有类型的墙，矮墙之间的优先级由墙高决定，不受墙体材料控制。

（一）绘制墙体

墙体可使用【绘制墙体】命令创建或由【单线变墙】命令从直线、圆弧或轴网转换。下面介绍这两种创建墙体的方法。墙体的底标高为当前标高，墙高默认为楼层层高。

1. 绘制墙体

在屏幕菜单中选择【墙体】→【绘制墙体】(HZQT)。单击【绘制墙体】命令后，显示图 8-17 所示对话框。

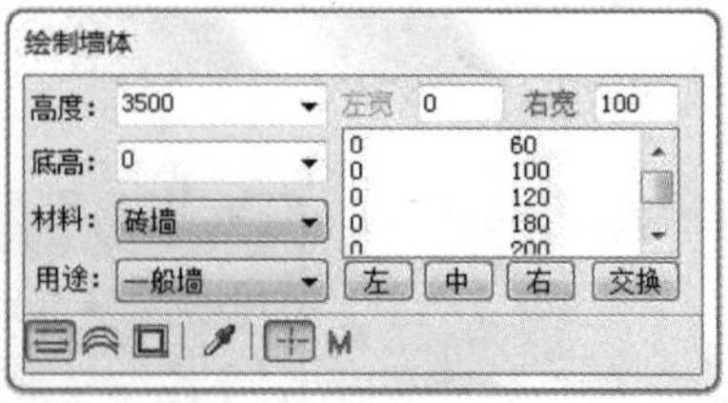

图 8-17　"绘制墙体"对话框

在对话框中设定墙体参数，包括高度、材料、用途及厚度，可以绘制“直墙”“弧墙”和“矩形布置”。绘制过程中墙线相交处自动处理，不必关闭对话框墙宽随时定义、墙高随时改变，在绘制过程中墙端点可以回退。

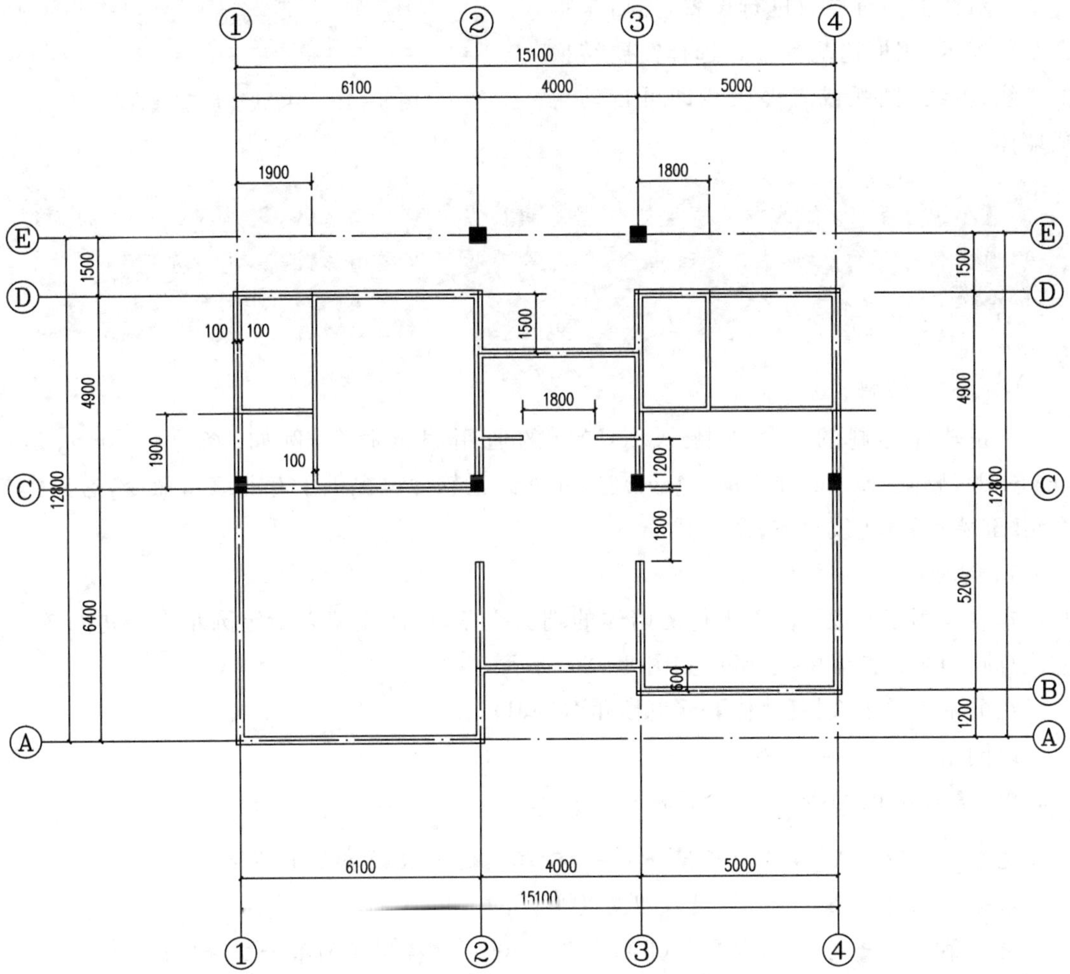

图 8－18　绘制墙体

绘制墙体过程中，为了准确地定位墙体端点位置，天正软件内部提供了对已有墙基线、轴线和柱子的自动捕捉功能。必要时也可以按下 F3 键打开 AutoCAD 的捕捉功能。

【小贴士】 墙体的高度、材料、用途及厚度，可在墙体创建后用【墙体工具】命令进行修改。当墙高给定为 0 时，墙体在三维视图下不生成三维。

2. 单线变墙

利用此命令可以把我们用单线勾画出的建筑草图转换为天正的墙体对象，本命令有两个用法：一是将 LINE、PLINE 绘制的单线转为墙体，其中墙体的基线与单线相重合。二是在基于轴网创建墙体，然后进行编辑，创建墙体后仍保留轴线。

在屏幕菜单中选择【墙体】→【单线变墙】(DXBQ)。单击【单线变墙】命令后，显示图 8－19 所示对话框。

在对话框中对参数进行设置，然后根据命令行提示，用框选范围方式选择需要转换的直线、轴线、圆弧或者多段线即可自动生成墙体。

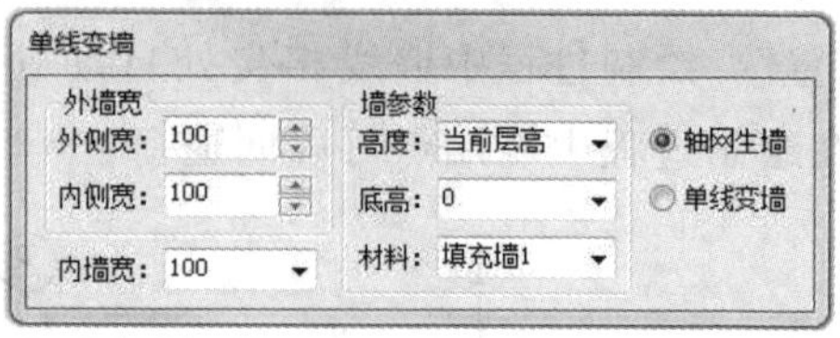

图 8－19 “单线变墙”对话框

【小贴士】 墙体的内外宽度是依据基线按左右宽度确定的，墙基线是墙体的定位线，通常位于墙体内部并与轴线重合，但必要时也可以在墙体外部，此时左宽和右宽就应该有一个为负值。

(二)墙体的编辑

天正软件绘制的墙体支持 AutoCAD 的通用编辑命令，例如：修剪(Trim)、延伸(Extend)、删除(Erase)和移动(Move)等，此外天正软件也提供了专业编辑命令，这里主要介绍【倒墙角】、【边线对齐】命令。

1. 倒墙角

本命令用于处理两段不平行的墙体的端头交角，使两段墙以指定圆角半径进行连接，应注意圆角半径按墙中线计算，如图 8－20 所示。

在屏幕菜单中选择【墙体】→【倒墙角】(DQJ)。

以倒角半径＝500 为例：

单击【倒墙角】命令后，命令行提示：

选择第一段墙或[设圆角半径(R)，当前＝0]：输入 R 设定圆角半径；

请输入倒角半径＜300＞：键入圆角的半径，如 500；

选择第一段墙或[设圆角半径(R)，当前＝500]：选择圆角的第一段墙体；

选择另一段墙＜退出＞：选择圆角的第二段墙体。

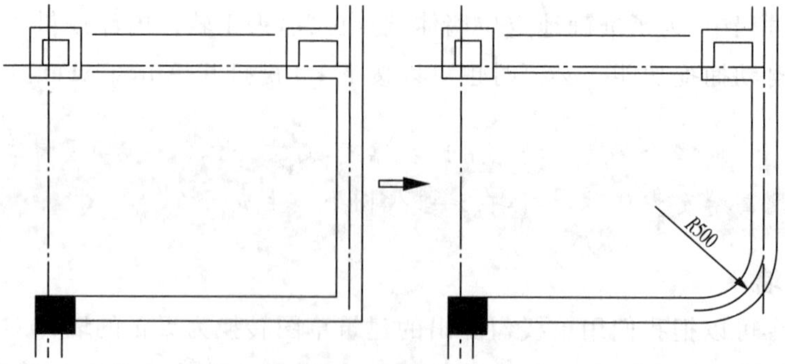

图 8－20 倒墙角

【小贴士】 当圆角半径不为0，两段墙体的类型、总宽和左右宽（两段墙偏心）必须相同，否则无法进行倒角操作。

2. 边线对齐

墙体与柱子的关系并非都是中线对中线，要把墙边与柱边对齐，两个方法：一是直接用基线对齐柱边绘制；二是快速地沿轴线绘制墙体，先不考虑对齐，待绘制完毕后，再用【边线对齐】命令处理。

在屏幕菜单中选择【墙体】→【边线对齐】(BXDQ)。单击【边线对齐】命令后，命令行提示：

请点取墙边应通过的点：点取墙体边线通过的一点（如图8－21中R点）；

选择墙体：选中墙体边线改为通过指定点。

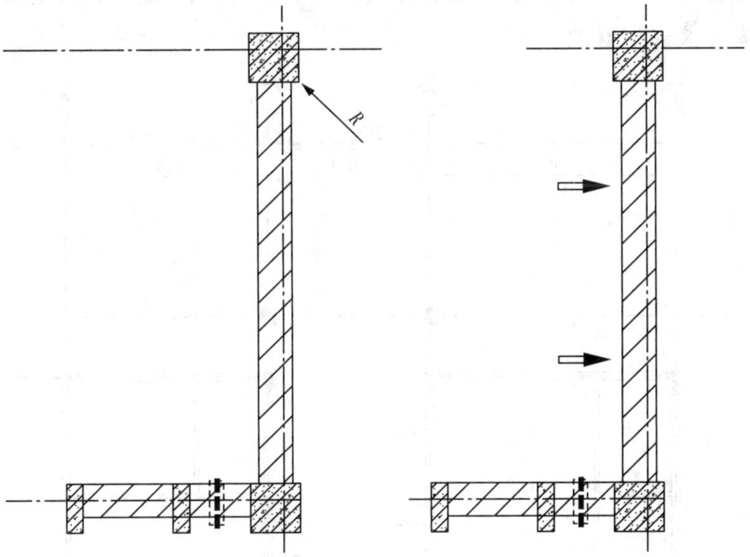

图8－21 边线对齐

【小贴士】 事实上【边线对齐】命令并没有改变墙体的位置（即基线的位置），而是改变基线到两边线的距离（即左、右墙宽）。

（三）插入角柱

小型框架结构建筑常在墙角处运用L形、T形平面的角柱，达到增加室内使用面积的目的，在TArch的柱子菜单中提供了专门的角柱命令解决这一问题。

在屏幕菜单中选择【轴网柱子】→【角柱】(JZ)。单击【角柱】命令后，命令行提示：

请选取墙角或[参考点(R)]<退出>：点取要创建角柱的墙角或键入R定位。

选取墙角后，显示图8－22所示对话框，在对话框中输入合适的参数。参数输入完毕后，单击【确定】按钮，所选角柱插入图中。

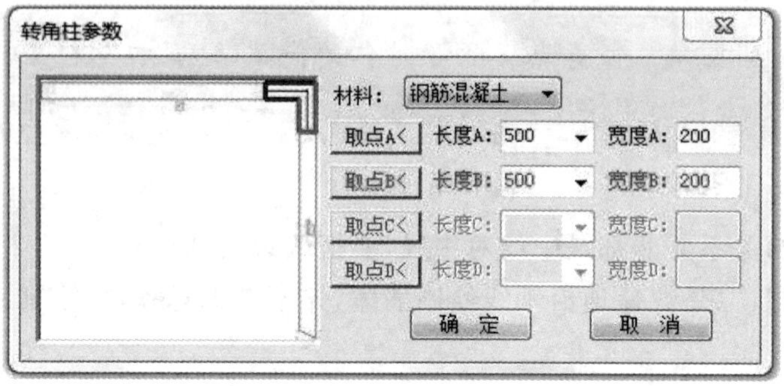

图 8－22 “转角柱”对话框

在墙角插入轴线、形状与墙一致的角柱，可改各肢长度以及各分肢的宽度，宽度默认居中，高度为当前层高。生成的角柱与标准柱类似，每一边都有可用于调整长度和宽度的夹点，能方便地按要求进行修改。

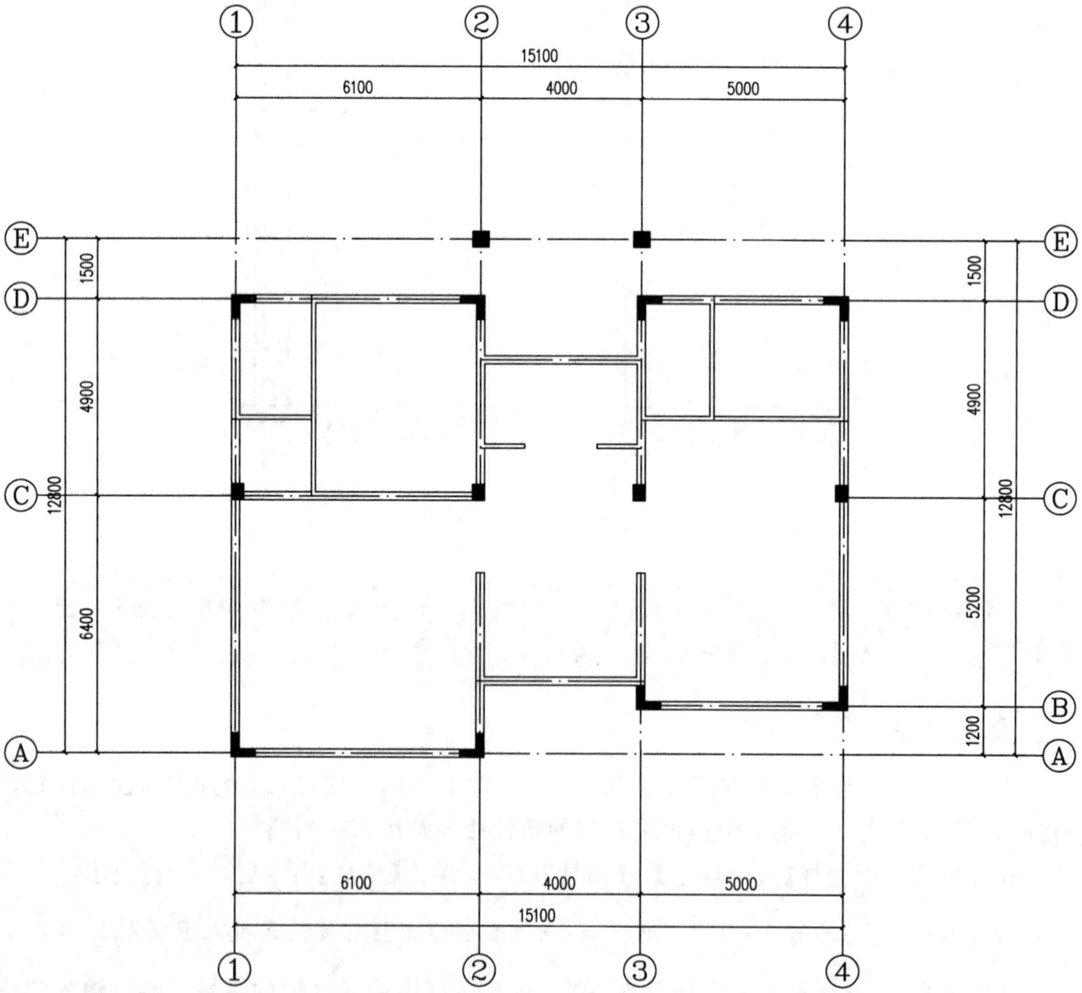

图 8－23 绘制转角柱

【小贴士】【角柱】命令必须在已绘制墙体对象的图中才能使用。

四、绘制门窗

天正建筑系统中，门窗是一种带有编号的自定义对象，它和墙体建立了智能联动关系，门窗插入墙体后，墙体的外观几何尺寸不变，并可通过电子表格检查和统计整个工程的门窗编号。

(一)绘制门窗

在屏幕菜单中选择【门窗】→【门窗】(MC)。单击【门窗】命令后，显示图 8-24 所示对话框。

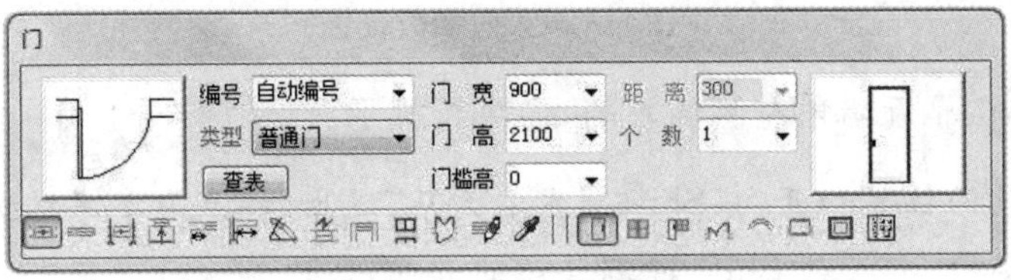

图 8-24　门窗参数设置

在门窗对话框下有两组控制按钮，首先通过右下边一组控制按钮，选择各类构建，其中包括门、窗、门联窗、子母门、弧窗等多种构件。

然后输入所需要门窗的编号、类型、尺寸等相关数据。点击参数面板左侧和右侧的门窗图标，从门窗图库中分别挑选门窗的二维形式和三维形式，弹出【天正图库管理系统】面板，如图 8-25 所示。

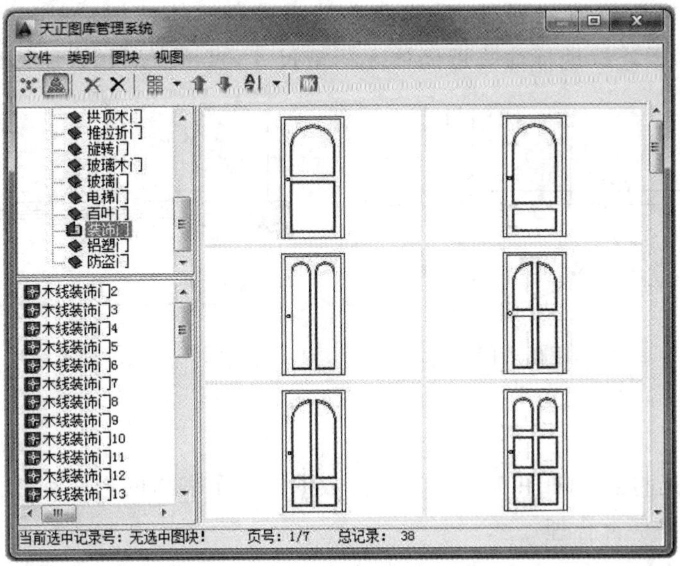

图 8-25　“天正图库管理系统”面板

最后通过左边一组控制按钮，可以选择门窗的插入类型，其中包括“自由插入”“沿着直墙顺序插入”“轴线定距插入”“充满整个墙段插入”等多种插入方法。以“垛宽定距插入”为例介绍门的绘制：

在对话框中将门的编号、类型、尺寸等相关数据设置完整，如图 8-26 所示。

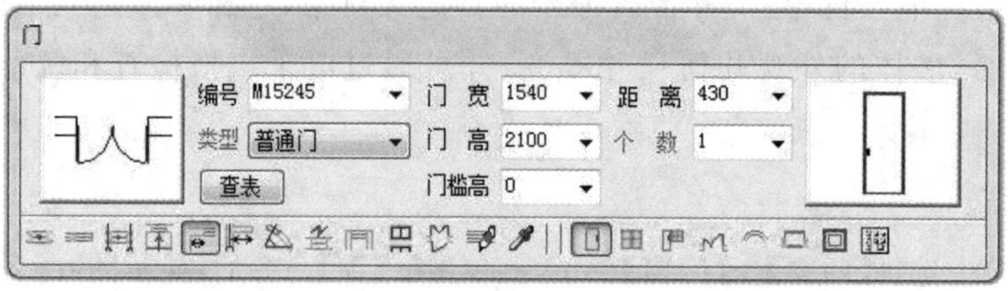

图 8-26　门参数设置

进入图形区，在靠近墙角左侧插入门，命令行提示：

点取门窗大致的位置和开向(Shift—左右开)<退出>：点取参考垛宽一侧，如图 8-27 所示。如果为单扇门，宜按住 Shift 键调整门的开向。

【小贴士】 实际绘制过程中难免存在错误或者不足，我们可以采用，鼠标左键选择目标，然后单击鼠标右键，通过快捷菜单中的选项，可以实现快速编辑，包括【对象编辑】、【在位编辑】、【左右翻转】、【加门口线】及【门窗套】等。

(二)门窗标注

在屏幕菜单中选择【尺寸标注】→【门窗标注】(MCBZ)。单击【门窗标注】命令，然后在视图中选择需要标注门窗的墙段，系统会自动对该段墙体及门窗的尺寸进行标注，如图 8-28所示。如需要连续地标注临近墙体上门窗尺寸，直接点取相邻墙体即可。

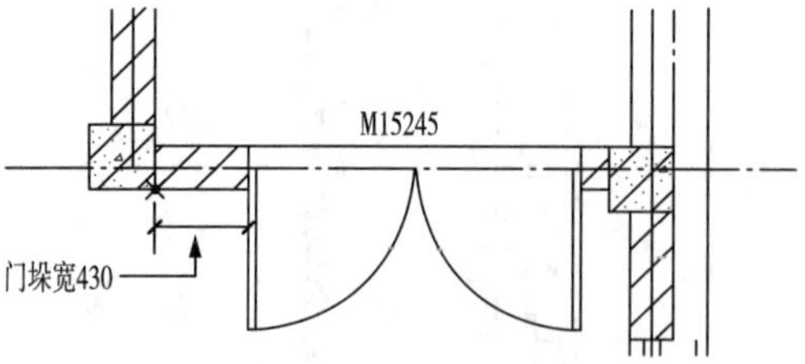

图 8-27　垛宽定距插入门

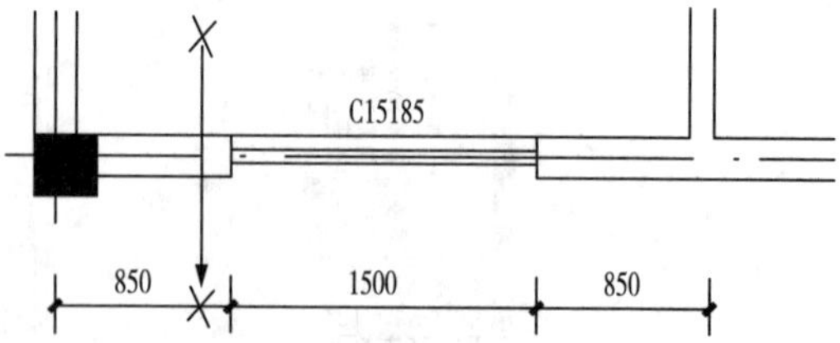

图 8-28　“门窗标注”点取方向

(二)门窗检查

本命令主要是将当前图中所插入的门窗数据以电子表格的形式列出来，检查当前图中已插入的门窗数据是否合理。

在屏幕菜单中选择【门窗】→【门窗检查】(MCJC)。单击【门窗检查】命令后，显示图 8-30所示对话框。点选右下角【选择范围】，根据提示框选需要检查的门窗。

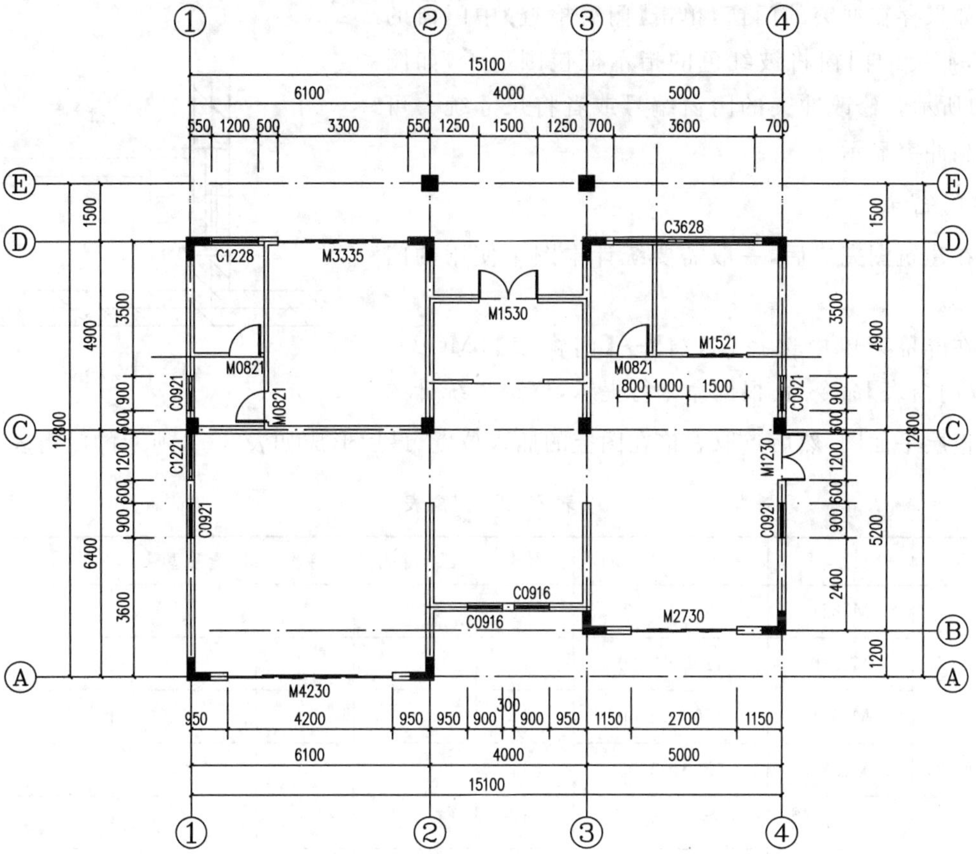

图 8 - 29　门窗标注

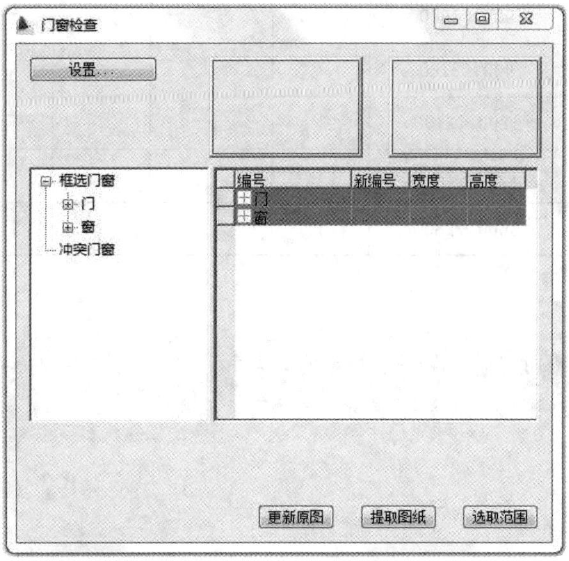

图 8 - 30　“门窗检查”面板

如果存在冲突的门窗，单击【门窗检查】中门窗的编号，冲突的门窗将被红色的指示框包围显示，如图8－31所示。修改冲突的门窗编号或者将尺寸统一可以消除冲突显示。

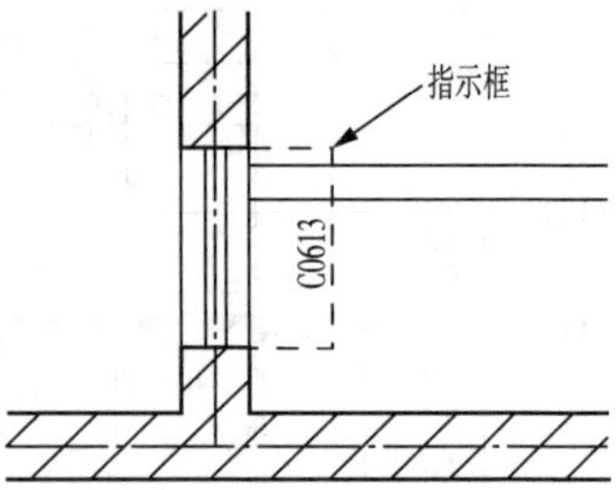

图 8－31　门窗检查

（三）门窗表

在建筑图完成后，一般需要统计本图中使用的门窗参数。

在屏幕菜单中选择【门窗】→【门窗表】（MCB）。单击【门窗表】命令后，根据命令行提示，框选需统计的部分楼层平面图，然后点取表格在图上的插入位置，最后形成如表 8－2 所示的门窗表。

表 8－2　门窗表

类型	设计编号	洞口尺寸(mm)	数量	图集名称	再次	选用型号	备　注
普通门	M0821	800×2100	3				
	M1230	1200×3000	1				
	M1521	1500×2100	1				
	M1530	1500×3000	1				
	M2730	2700×3000	1				
	M3335	3300×3500	1				
	M4230	4200×3000	1				
普通窗	C0916	900×1600	2				
	C0921	900×2100	4				
	C1221	1200×2100	1				
	C1228	1200×2800	1				
	C3628	3600×2800	1				

【小贴士】 如果门窗中有数据冲突的，程序则自动将冲突的门窗按尺寸大小归到相应的门窗类型中，同时在命令行提示哪个门窗编号参数不一致。

五、创建室内外构件

室内外构件主要指阳台、台阶、坡道、楼梯、栏杆及扶手等。本节中将针对这些构件的用法及绘制方法作详细的阐述。

(一)创建阳台

在 TArch 中阳台可以直接使用命令绘制,也可以将绘制好的多段线转换为阳台。

1. 使用命令绘制

在屏幕菜单中选择【楼梯其他】→【阳台】(YT),单击【阳台】命令后,系统会弹出如图8-32所示的对话框,对比左侧图示设置好阳台的参数。

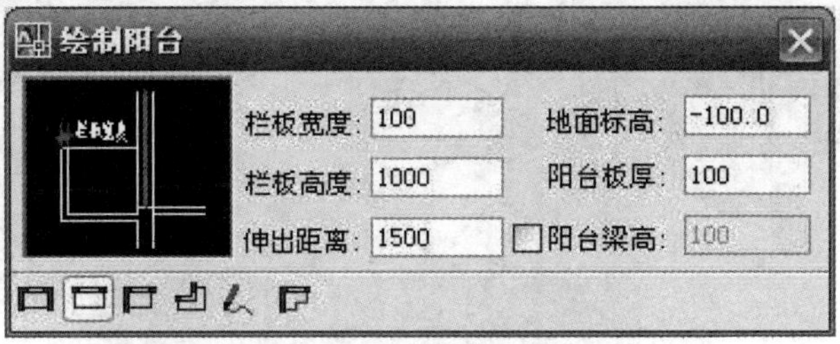

图 8-32 "阳台"对话框

单击【任意绘制】图标后,根据命令行显示的信息在图形上点取起点,命令行会自动显示"直线下一点……",要求指定阳台轮廓的第二点,在此提示下,逐个点取组成轮廓线上所有的点,如图 8-33 所示。

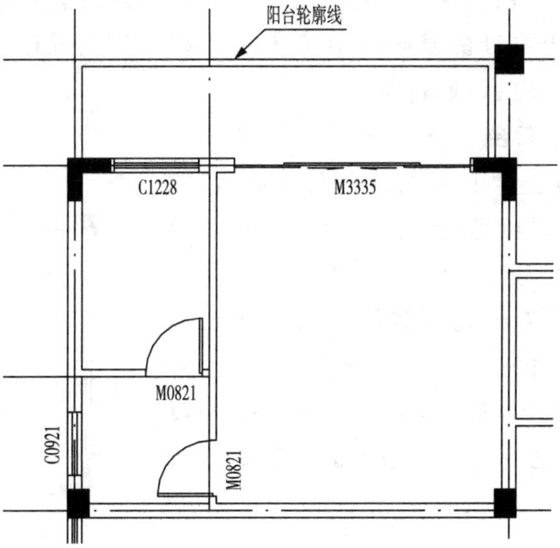

图 8-33 绘制阳台轮廓线

当阳台的轮廓线绘制完成后,按下回车键,此时命令行显示"选择邻接的墙(或门窗)和柱",此时应选取与阳台连接的墙及门窗、柱。

在完成命令行的提示后,即可生成阳台。在【工具栏】→【视图】→【视觉样式】中选择【着色】,然后在【视图】→【三维视图】→【东南轴侧】,如图 8-34 所示。或者选择【动态观察】→【所约束的动态观察】,鼠标左键控制图面,移动鼠标即可观察三维效果。

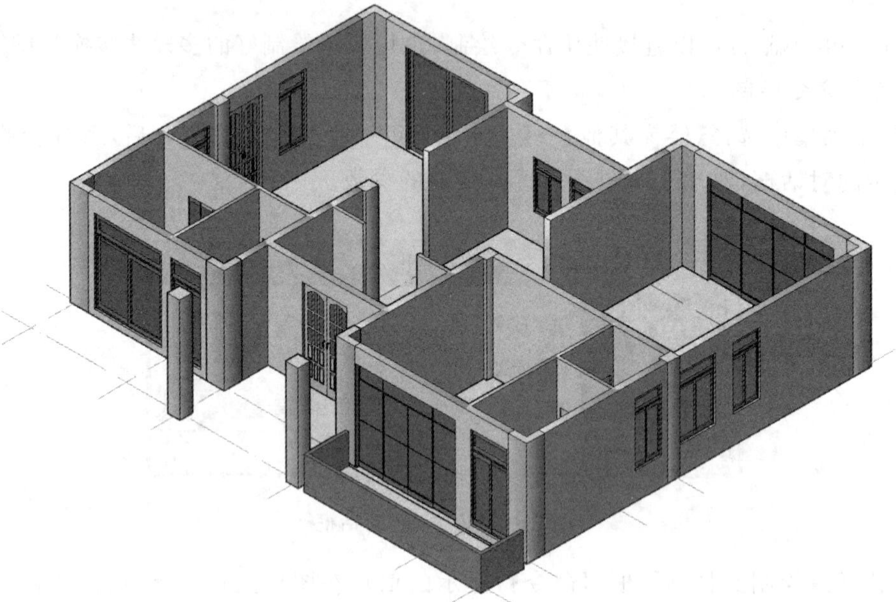

图 8 - 34　阳台三维效果图

在视图界面中任意空白位置，单击鼠标右键，通过快捷菜单中的选项【视觉样式】选择【二维线框】；然后次打开右键快捷菜单，在其中的选项【视图设置】选择【平面图】，可以实现三维效果图到二维平面图的快速转换。

2. 利用多段线创建阳台

此方法主要适用于造型比较特殊的异性阳台，要求先利用多段线绘制出异形阳台的轮廓线，然后转换为异形阳台的立体效果。

如图 8 - 35 所示，为事先绘制好的异形阳台轮廓线。

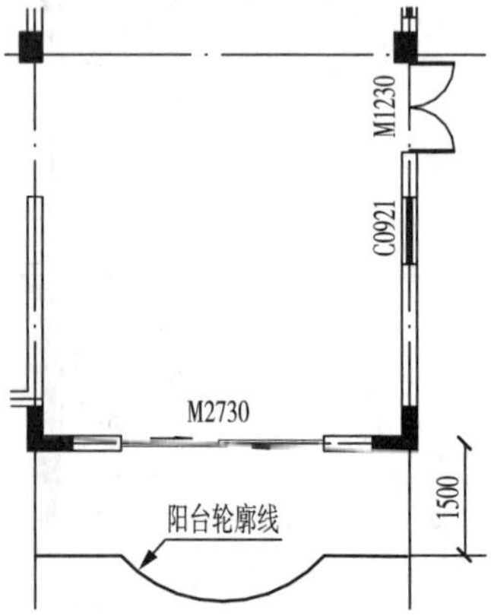

图 8 - 35　绘制阳台轮廓线

异形阳台的轮廓线绘制好后，单击【阳台】命令，设置好阳台参数。单击【已有路径生成】图标后，命令行提示：

选择一曲线(LINE/ARC/PLINE)：选取已经绘制好的轮廓线；

这时会有两种情况：

(1)如果 PLINE 不封闭，则类似于直接绘制的情况，需要搜索沿着维护结构的边界，提示：

选择所邻接的墙(或窗)柱：选取与阳台连接的墙或窗。

(2)如果 PLINE 封闭，则要求指出不创建栏板的部分线段，提示：

请点取接墙的边：点取与墙边重合的边。

异形阳台三维视角，如图 8 - 36 所示。

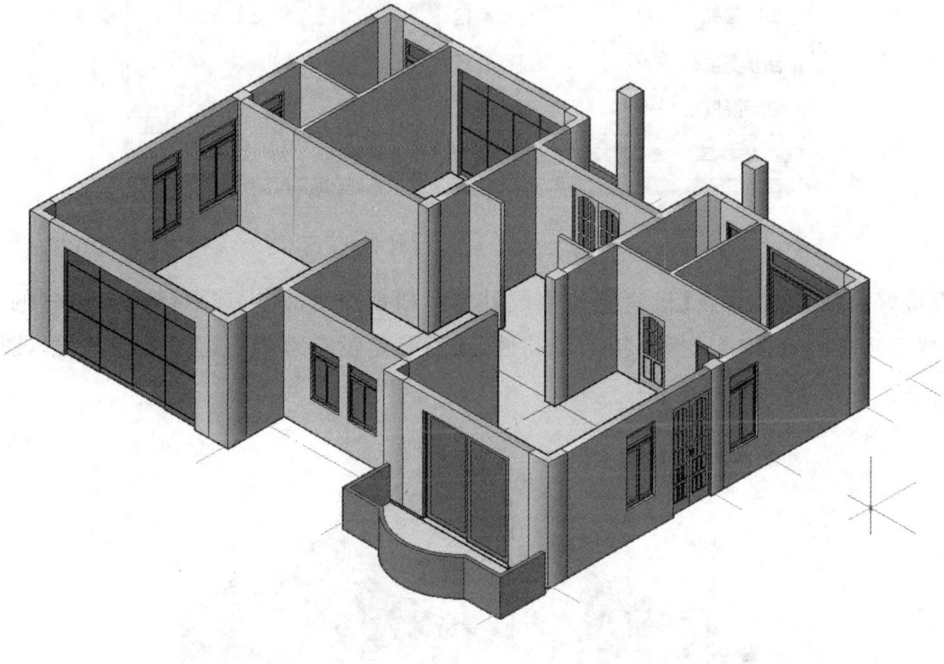

图 8 - 36　异形阳台三维效果图

(二)绘制台阶

室外台阶由平台和踏步组成。台阶的操作类似于阳台，即可以直接绘制或把预先用多段线绘制好的轮廓线转换为台阶，下面就来介绍一下采用轮廓线转换的方法绘制台阶。

首先利用多段线绘制出台阶平台的轮廓线，如图 8 - 37 所示。

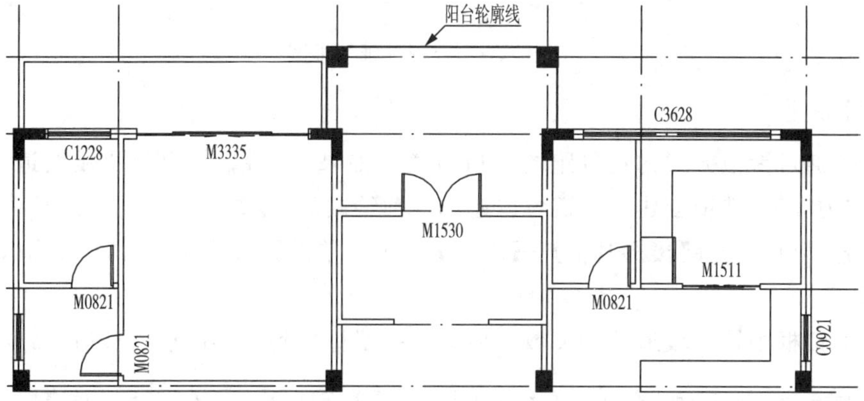

图 8 - 37　绘制台阶轮廓线

在屏幕菜单中选择【楼梯其他】→【台阶】(TJ)。单击【台阶】命令后，系统会弹出如图8－38所示的对话框。

图 8－38 【台阶】对话框

设置好台阶参数，单击【已有路径生成】图标，根据提示信息，选取已经绘制好的平台轮廓线，然后还需要在图中选择邻接的墙和柱，最后确定没有踏步的边，完成后回车，图8－39为台阶三维。

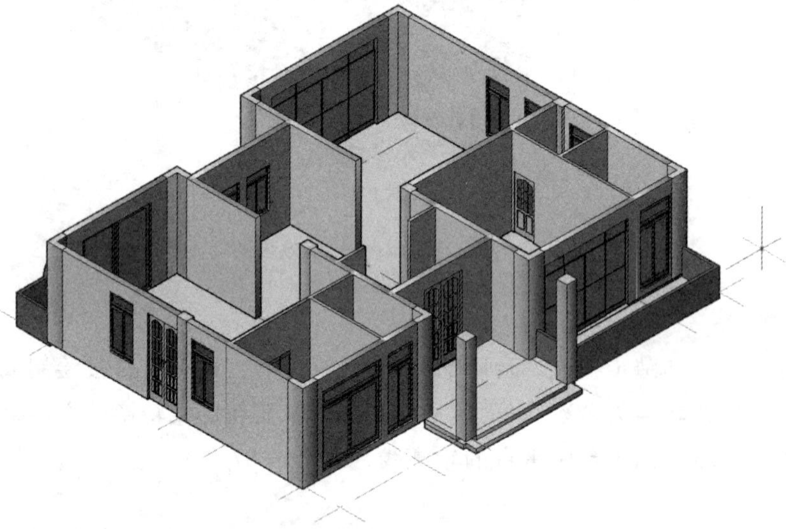

图 8－39 台阶三维效果图

(三)绘制坡道

本命令通过参数方式构建单跑的入口坡道。如果是多跑、曲边与圆弧坡道，则由楼梯命令中“作为坡道”选项创建。坡道可以遮挡之前绘制的散水。

在屏幕菜单中选择【楼梯其他】→【坡道】(PD)。单击【坡道】命令后，显示如图8－40所示对话框。

在该对话框中输入坡道的相关数据后即可把鼠标拖到图形区插入坡道，命令提示：

点取位置或[转90度(A)/左右翻转(S)/上下翻转(D)/改转角(R)/改基点(T)]<退出>：键入关键字进行调整。

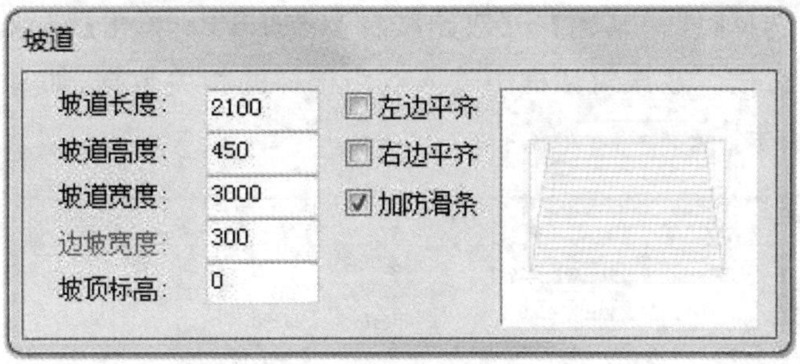

图 8－40 【坡道】对话框

为了准确地定位坡道的位置，可以按下 F3 键打开 AutoCAD 的【对象捕捉】功能。

【小贴士】 在绘制坡道之前，可以在于坡道相连的门对象中添加门口线，有利于坡道对象的定位。

（四）创建散水

本命令通过自动搜索外墙线绘制散水对象，可自动被凸窗、柱子等对象裁剪，也可以通过对象编辑添加或删除顶点满足复杂的要求。

在屏幕菜单中选择【楼梯其他】→【散水】(SS)。单击【散水】命令后，显示如图 8－41 所示对话框。

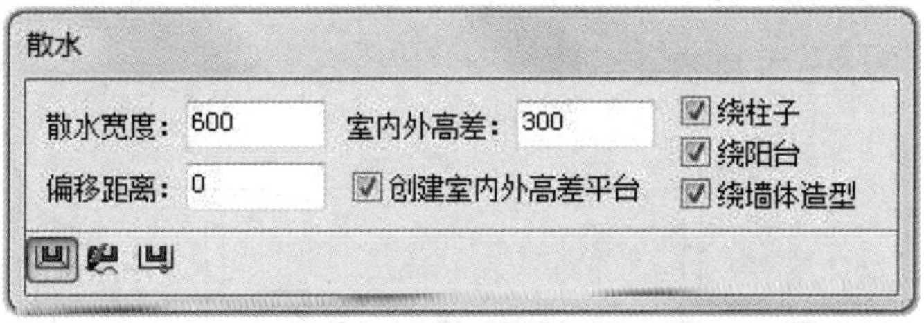

图 8－41 "散水"对话框

设置好对话框中参数，单击【搜索自动生成】图标，然后根据命令行提示，框选整个建筑物的所有墙体，最后按下回车键，系统自动生成散水及室内地面。

【小贴士】 单击散水对象，激活夹点后拖动夹点即可进行夹点编辑，独立修改各段散水的宽度。

（五）绘制楼梯

1. 绘制双跑楼梯

双跑楼梯是最常见的楼梯形式，由两跑直线梯段、一个休息平台、一个或两个扶手和一组或两组栏杆构成的自定义对象，具有二维视图和三维视图。

在屏幕菜单中选择【楼梯其他】→【双跑楼梯】(SPLT)。单击【双跑楼梯】命令后,显示如图 8-42 所示对话框。在该对话框中输入双跑楼梯的相关数据,如有需要,应展开【其他参数】设置栏杆及扶手。

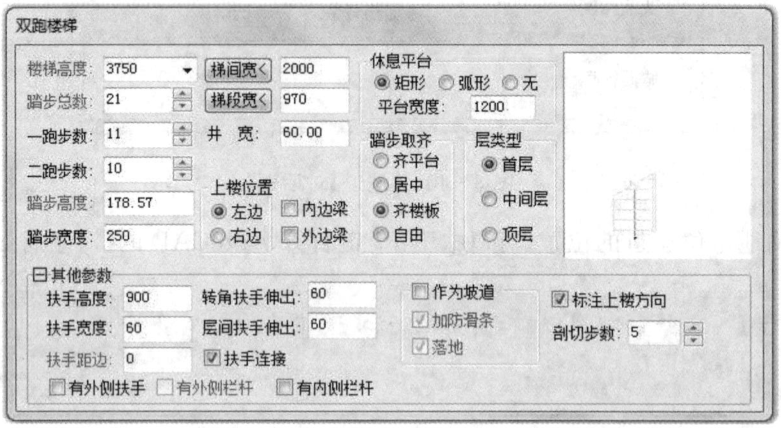

图 8-42 双跑楼梯参数设置

在确定楼梯参数和类型设置好后,即可把鼠标移到作图区插入指定的楼梯。根据命令行提示:

点取位置或[转 90 度(A)/左右翻(S)/上下翻(D)/对齐(F)/改转角(R)/改基点(T)]<退出>:键入关键字进行调整。

楼梯平面图如图 8-43 所示。

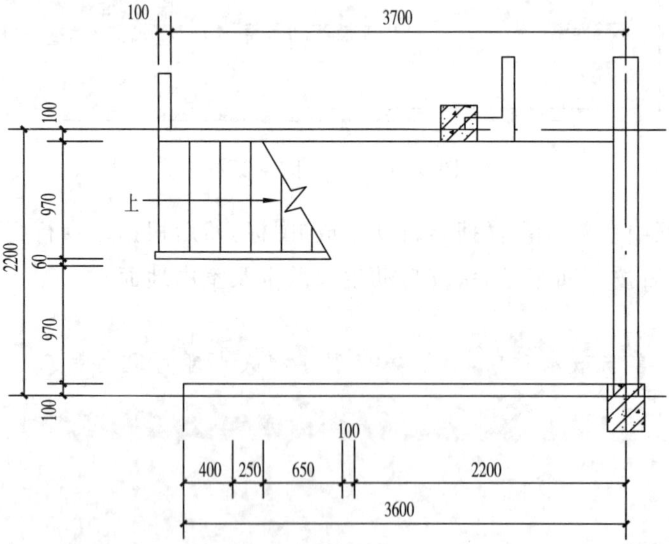

T1一层平面图 1:50

图 8-43 楼梯平面图

楼梯完成后，注意检查三维视图，查看是否存在构件冲突和参数错误。楼梯不同楼层特性的扶手是不一样的，其中顶层楼梯实际上只有扶手，而没有梯段。

双跑楼梯为自定义对象，可以通过拖动夹点进行编辑，也可以双击楼梯进入对象编辑重新设定参数。

> **【小贴士】** 楼梯参数设置过程中，双跑楼梯的总宽可单击【楼梯间】按钮从平面图中直接量取。

2. 绘制多跑楼梯

本案例建筑中为多跑楼梯，多跑楼梯是指创建由梯段开始且以梯段结束，布置过程中梯段和休息平台交替布置。为此，绘制多跑楼梯需要手动设置基线的顶点，在参数设置前需要将楼梯的宽度、休息平台宽度确定好，如图 8－44 多跑楼梯基线顶点。

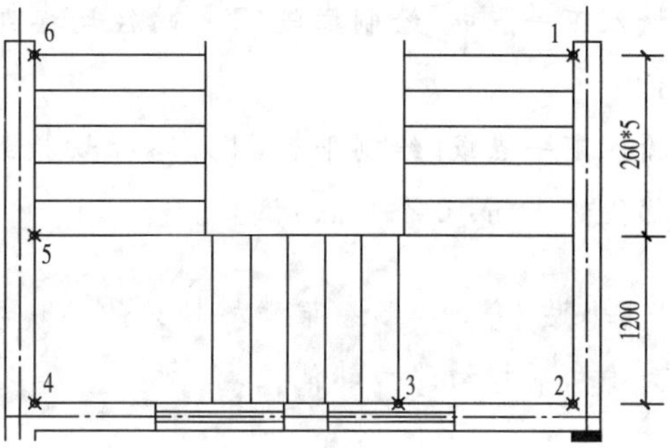

图 8－44　多跑楼梯基线顶点

通过屏幕菜单单击【楼梯其他】、【多跑楼梯】选项，此时系统在视图中弹出【多跑梯段】对话框，如图 8－45 所示。

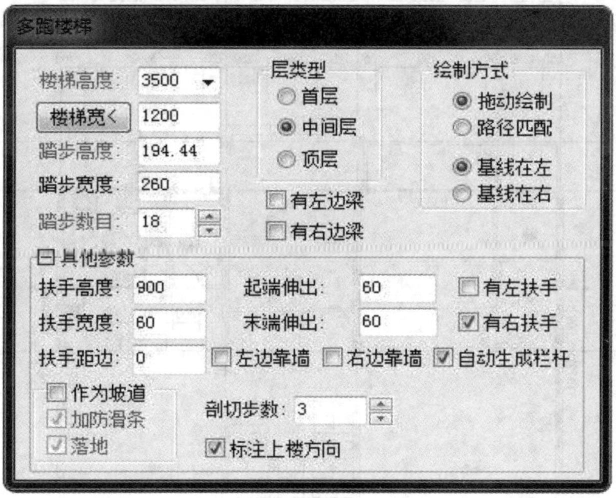

图 8－45　多跑梯段参数设置

在此对话框中设置好参数及确定【基线在左】或【基线在右】的绘制方向后，单击【确定】按钮。此时命令行显示出提示信息如下所示。

起点＜退出＞：点取首梯段起点（第 1 个顶点）位置；

输入下一点或［路径切换到右侧（Q）］＜退出＞：点取首梯段终点（第 2 个顶点）位置；

输入下一点或［路径切换到右侧（Q）/撤销上一点（U）］＜退出＞：点取第二梯段起点

(第 3 个顶点)位置;

输入下一点或[绘制梯段(T)/路径切换到右侧(Q)/撤销上一点(U)]<切换到绘制梯段>:T;

输入下一点或[绘制平台(T)/路径切换到右侧(Q)/撤销上一点(U)]<退出>:点取第二梯段终点(第 4 个顶点)位置;

输入下一点或[路径切换到右侧(Q)/撤销上一点(U)]<退出>:点取第三梯段起点(第 5 个顶点点)位置;

输入下一点或[绘制梯段(T)/路径切换到右侧(Q)/撤销上一点(U)]<切换到绘制梯段>:T;

输入下一点或[绘制平台(T)/路径切换到右侧(Q)/撤销上一点(U)]<退出>:点取第三梯段终点(第 6 个顶点)位置。

【小贴士】 绘制多跑楼梯默认的剖切线位于第一跑,可在特性栏把【剖切位置】修改为手动后拖动改为其他位置。

到此一层平面图就基本完成了(图 8-46),为了模型需要,还应绘制二层平面图、三层平面图及顶层平面图(图 8-47~图 8-49)。

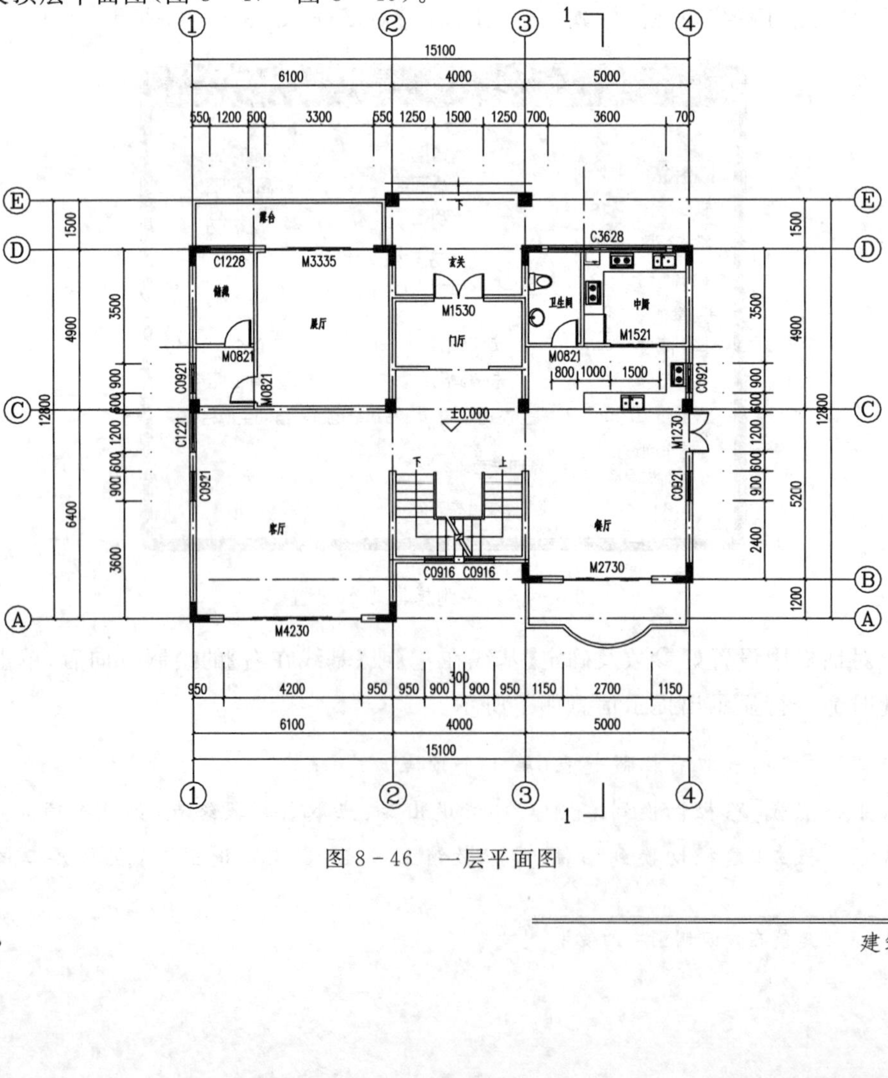

图 8-46 一层平面图

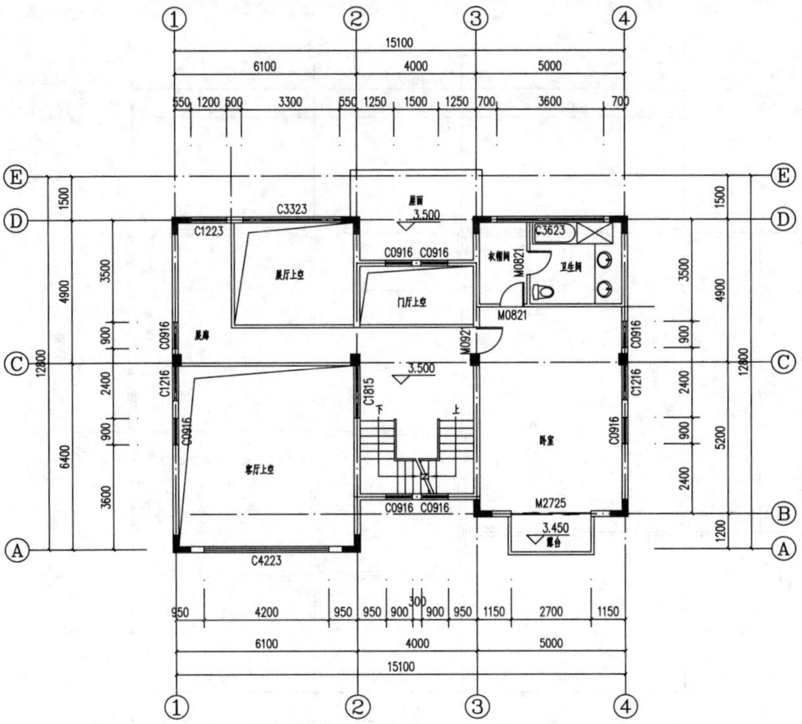

图 8-47　二层平面图

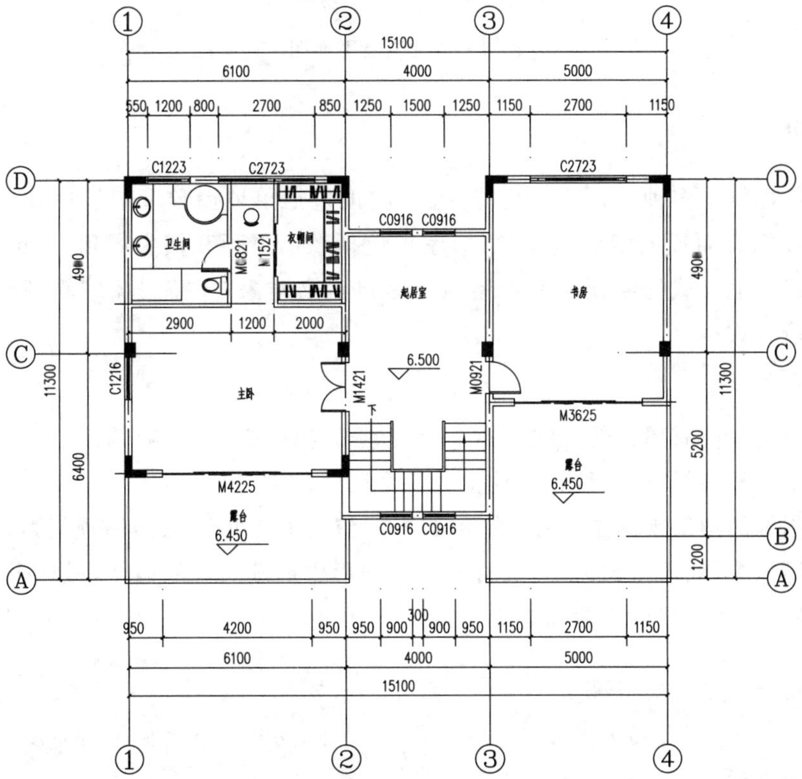

图 8-48　三层平面图

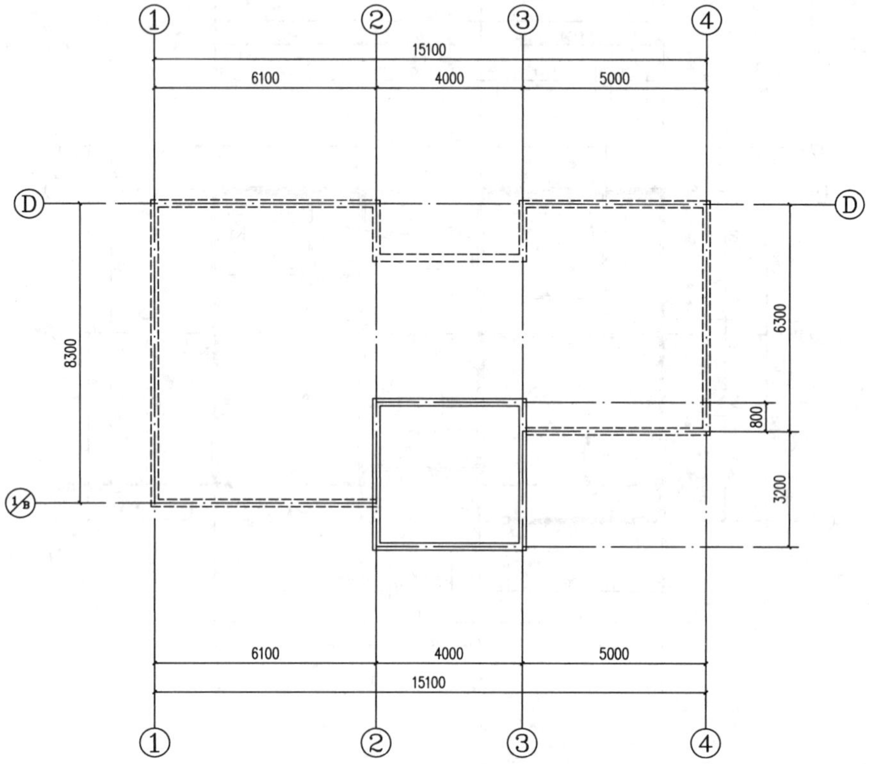

图 8－49　顶层平面图

六、创建屋顶

天正软件提供了多种屋顶造型功能，人字坡顶包括单坡屋顶和双坡屋顶，任意坡顶是指任意多段线围合而成的四坡屋顶、矩形屋顶包括歇山屋顶和攒尖屋顶，也可以利用三维造型工具自建其他形式的屋顶。天正屋顶均为自定义对象，支持对象编辑、特性编辑和夹点编辑等编辑方式。

（一）搜屋顶线

创建屋顶首先应有屋顶轮廓线。本命令搜索整栋建筑物的所有墙线，按外墙的外皮边界生成屋顶平面轮廓线，屋顶线在属性上为一个闭合的 PLINE 线。

打开绘制好的顶层平面图，在屏幕菜单中选择【房间屋顶】→【搜屋顶线】(SWDX)。单击【搜屋顶线】命令，然后根据命令行的提示，在图形中框选所有的墙体，最后采用命令行的默认设置，将屋顶线偏移外皮距离为 1000mm（屋顶的出檐长度），如图 8－50 所示。

【小贴士】 在个别情况下屋顶线有可能自动搜索失败，我们可以沿外墙外皮绘制一条封闭的多段线(Pline)，然后再用 Offset 命令偏移出一个屋檐挑出长度，然后将它当作屋顶线进行操作。

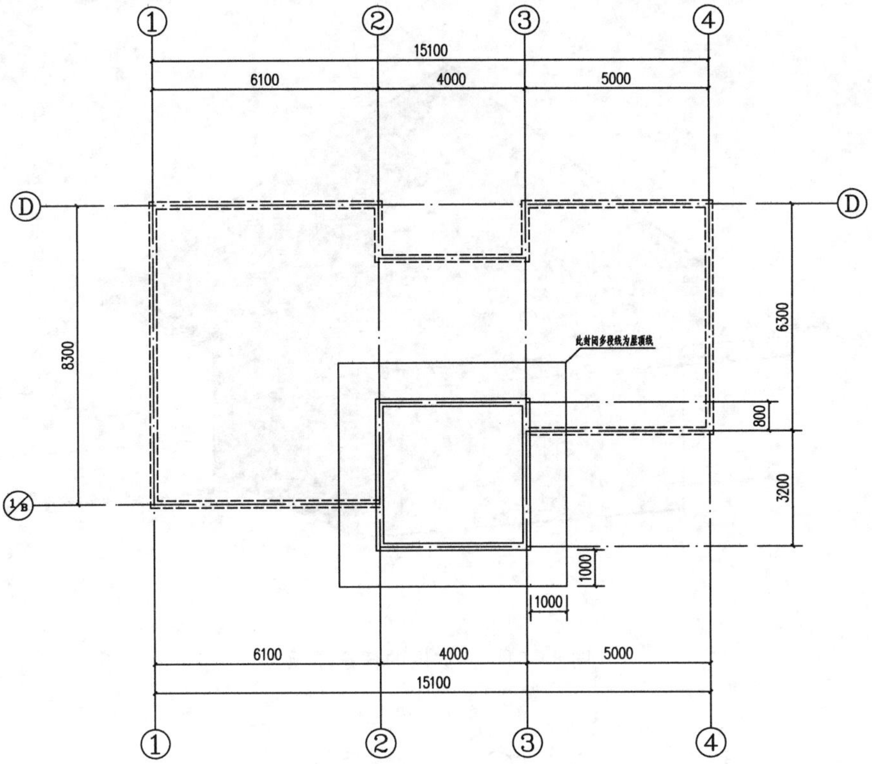

图 8-50　搜屋顶线

(二)任意坡顶

本命令由封闭的任意形状 PLINE 线生成指定坡度的坡形屋顶，可采用对象编辑单独修改每个边坡的坡度。

在屏幕菜单中选择【房间屋顶】→【任意坡顶】(RYPD)。单击【任意坡顶】命令后，命令行提示：

选择一封闭的多段线<退出>：点取屋顶线；

请输入坡度角<30>：输入屋顶坡度角 40；

出檐长<600.000>：如果屋顶有出檐，输入与搜屋顶线时输入的对应偏移距离，用于确定标高。

完成命令操作后，系统自动创建等坡度的任意屋顶，但此时的坡屋顶并没有位于墙体上方，下面就需要用移动工具将此坡屋顶移动到墙体的上方，单击屏幕菜单中【工具】→【移位】命令，根据房屋的墙体高度(例如为 2700)，将此屋顶在 Z 轴线上移动 2700。最后视图切换到三维视图下，观察屋顶的效果，如图 8-51 所示。

采用相同的方法，将 B—D 轴线之间的屋顶完成，在绘制过程中屋顶线可以采取多段线绘制的方式，如图 8-52 所示，采用相同的【任意坡顶】命令，绘制坡屋顶，因为四周没有墙，所以不需要【移位】命令，效果如图 8-53 所示。

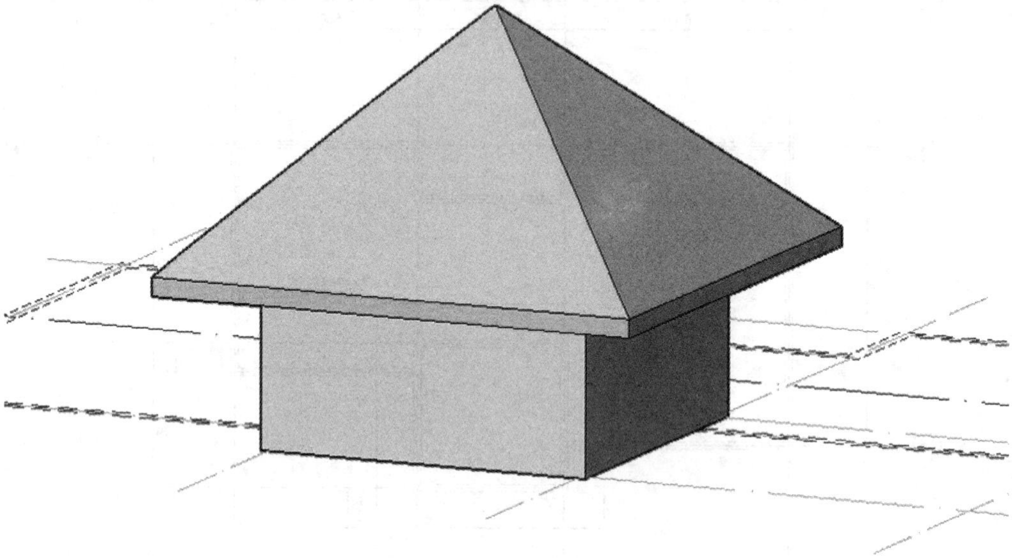

图 8－51　等坡度的任意屋顶

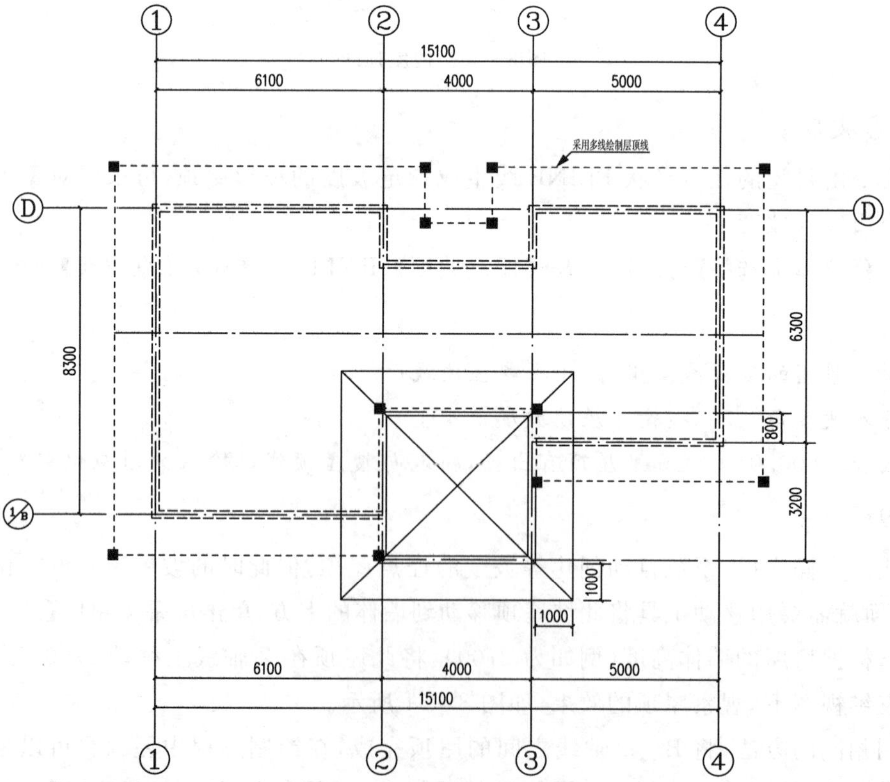

图 8－52　多段线绘制屋顶线

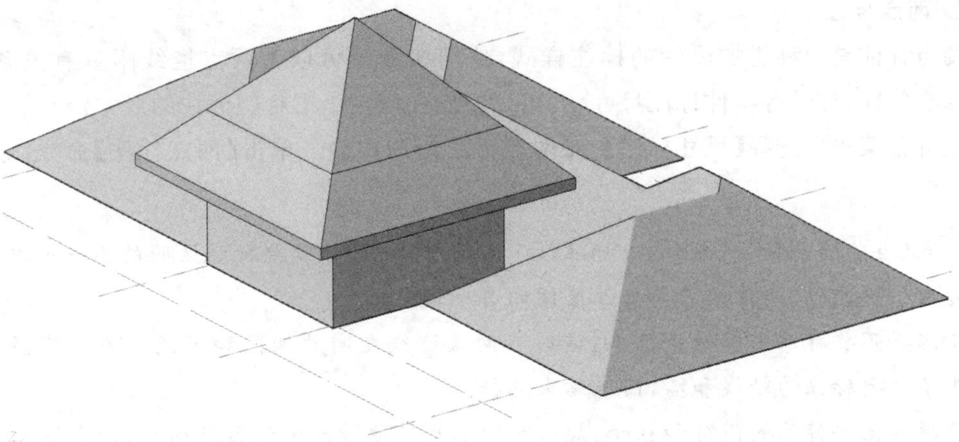

图 8－53　任意屋顶

双击坡屋顶进入对象编辑对话框，如图 8－54 所示，可对各个坡面的坡度进行修改，单击行首可看到图中对应该边号的边线显示红色标志，可修改坡度参数，其中底标高是各坡面的檐口高度。

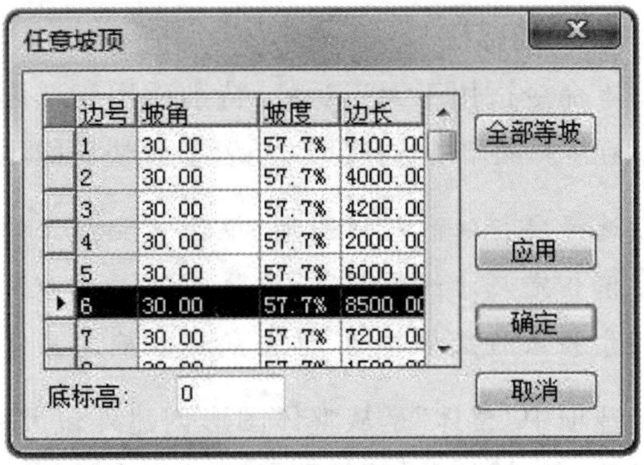

图 8－54　任意坡顶编辑框

【小贴士】　对屋顶坡面进行编辑，可通过夹点的方式进行修改，屋顶夹点有两种，一是顶点夹点，二是边夹点，拖动夹点可以改变屋顶平面形状，但不能改变坡度。

七、尺寸标注、文字表格和符号

（一）尺寸标注

1. 墙厚标注

在屏幕菜单中选择【尺寸标注】→【墙厚标注】（QHBZ）。单击【墙厚标注】命令，然后在视图中选择需要的墙段，系统会自动标注墙线以及轴线之间的距离，如图 8－55 所示。

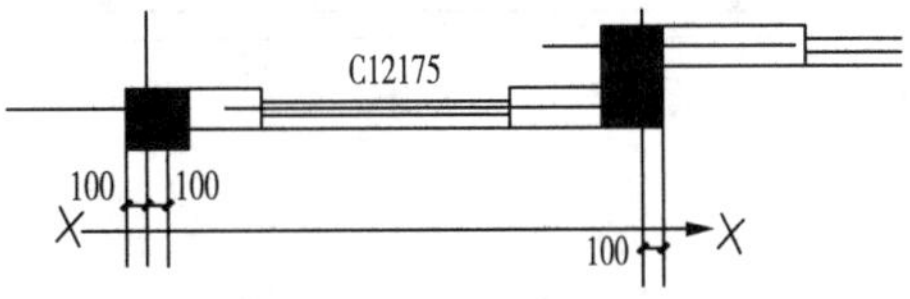

图 8－55　墙厚标注

如果不需要标注轴线，可以在标注前将视图中的轴线隐藏。

2. 两点标注

两点标注是一种更加灵活的标注样式，使用该命令可以为两点连线附近有关系的轴线、墙线、门窗、柱子等构件标注尺寸，并可以控制任何一个不希望标注的尺寸。

在屏幕菜单中选择【尺寸标注】→【两点标注】(LDBZ)。单击【两点标注】命令，命令行提示：

起点（当前墙面标注）或[墙中标注(C)]<退出>：选择需要标注区间的第一个端点；

终点<选物体>：选择需要标注区间的另一端点；

请选择不要标注的轴线和墙体：这时在两端连线之间的墙段和轴线将以虚线显示，点选其中不需要标注的轴线和墙，回车结束选择；

选择其他要标注的门窗和柱子：此时可以选择其他墙段上的窗等图元，回车结束选择；

请输入其他标注点[参考点(R)/撤销上一标注点(U)]<退出>：选择其他点或键入 U 撤销标注点；

请输入其他标注点[参考点(R)/撤销上一标注点(U)]<退出>：回车结束标注。

3. 快速标注

本命令适用于天正对象，特别适用于选取平面图后快速标注外包尺寸线。

在屏幕菜单中选择【尺寸标注】→【快速标注】(KSBZ)。单击【快速标注】命令，命令行提示：

选择要标注的几何图形：框选需要标注的图形区域，按回车键完成选取；

请指定尺寸线位置或[整体(T)/连续(C)/连续加整体(A)]<整体>：在视图中出现标注尺寸并跟随鼠标移动，单击鼠标以确定尺寸标注的位置；

选项中"整体"是从整体图形创建外包尺寸线，"连续"是提取对象节点创建连续直线标注尺寸，"连续加整体"是两者同时创建，图 8－56 所示为"连续"与"连续加整体"两种不同的标注样式。

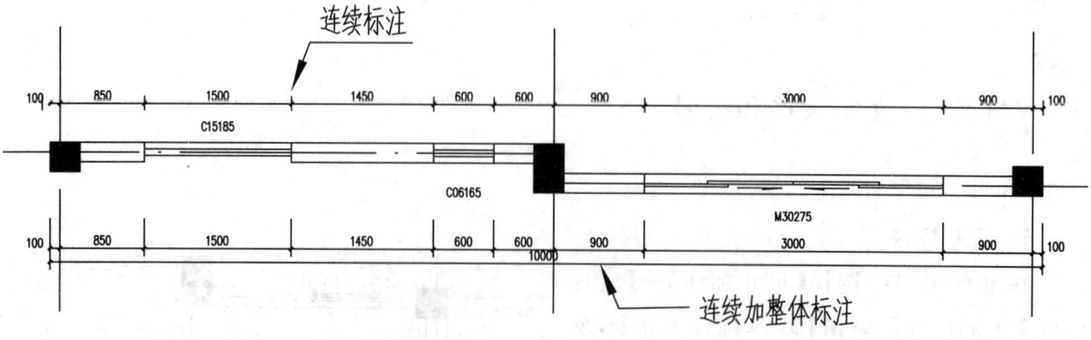

图 8－56　快速标注

4. 逐点标注

本命令特别适用于没有指定天正对象特征，需要取点定位标注的情况，以及其他标注命令难以完成的尺寸标注。

在屏幕菜单中选择【尺寸标注】→【逐点标注】(ZDBZ)。单击【逐点标注】命令，命令行提示：

起点或[参考点(R)]<退出>:点取第一个标注点作为起始点；

第二点<退出>:点取第二个标注点；

请点取尺寸线位置或[更正尺寸线方向(D)]<退出>:拖动尺寸线，点取尺寸线就位点，或键入D选取轴线或墙对象用于确定尺寸线方向。

请输入其他标注点或[撤销上一标注点(U)]<结束>:继续取点，最终以回车结束命令。

如图8-57所示为逐点连续标注四点后的样式。

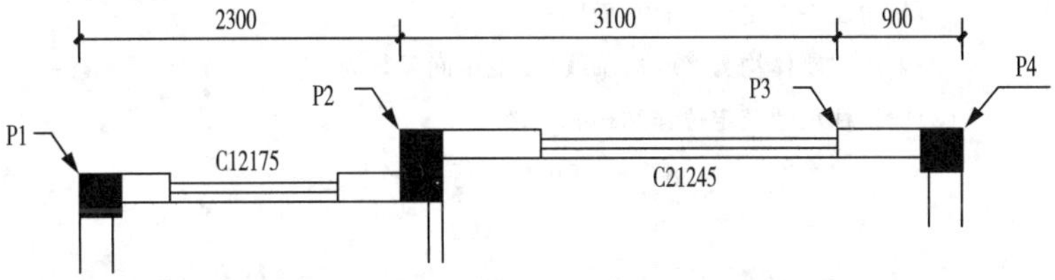

图8-57　逐点连续标注

(二)文字

1. **单行文字**

本命令类似于AutoCAD中的【单行文字】，但天正提供了更多的文字样式，以及可以方便为文字设置上下标、加圆圈、添加特殊符号、导入专业词库内容。

在屏幕菜单中选择【文字表格】→【单行文字】(DHWZ)。单击【单行文字】命令，显示对话框，输入文字内容，选择合适的样式，然后在视图中移动并单击鼠标可以创建文本，如图8-58所示。

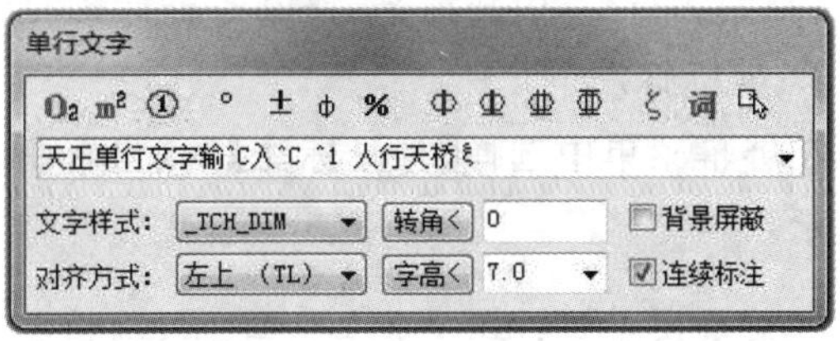

图8-58　单行文字

【小贴士】 双击图上的单行文字即可进入在位编辑状态，在需要使用特殊符号、专业词汇等时，移动光标到编辑框外右击，即可调用单行文字的快捷菜单进行编辑。

2. **多行文字**

在屏幕菜单中选择【文字表格】→【多行文字】(DHWZ)。单击【多行文字】命令，显示对话框，可以在该对话框中输入多行文字，适用于输入文字较多的设计说明、设计规范等，如图8-59所示。

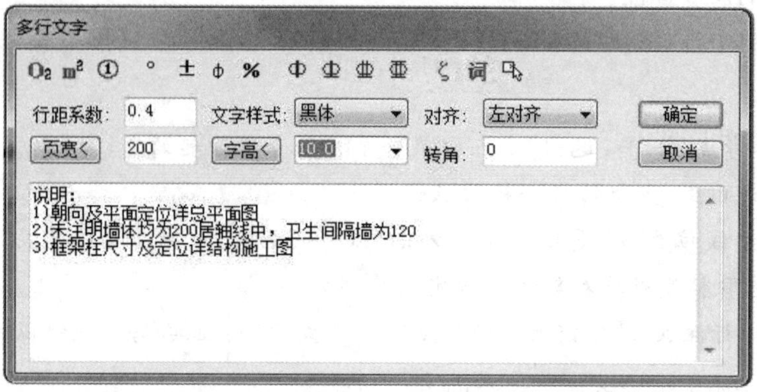

说明：

(1)朝向及平面定位详总平面图；

(2)未注明墙体均为 200 居轴线中，卫生间隔墙为 120；

(3)框架柱尺寸及定位详结构施工图。

图 8－59　多行文字

【小贴士】 多行文字对象设有两个夹点，左侧的夹点用于整体移动，而右侧的夹点用于拖动改变段落宽度，当宽度小于设定时，多行文字对象会自动换行。

(三)符号标注

天正软件提供方便的自定义工程符号命令，这些符号命令可以方便地标注坐标与标高、绘制剖切符号、引注箭头，绘制各种详图符号、图名标注等。

1. 坐标标注

在屏幕菜单中选择【符号标注】→【坐标标注】(ZBBZ)。单击【坐标标注】命令后，命令行提示：

当前绘图单位：mm；标注单位：M；以世界坐标取值；北向角度 90 度

请点取标注点或[设置(S)]＜退出＞：点取标注标注点；

点取坐标标注方向＜退出＞：拖动点取确定坐标标注方向；

……

请点取标注点＜退出＞：回车退出命令。

需要注意的是，我们首先要了解当前图形中的绘图单位是否一致，图形的当前坐标原点和方向是否与设计坐标系统一致；如果有不一致之处，需要先键入 S 调出【坐标标注】对话框进行设置，如图 8－60 所示。

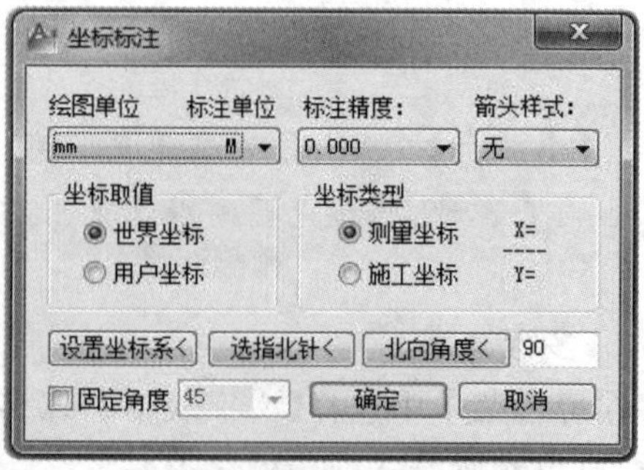

图 8－60　【坐标标注】对话框

【小贴士】 在对话框中勾选【固定角度】复选框后，坐标引线会按鼠标拖动的方向，倾斜给定角度。

2. 标高标注

在屏幕菜单中选择【符号标注】→【标高标注】(BGBZ)。单击【标高标注】命令后，显示如图 8-61 所示对话框，从中可以对标高符号、文字样式与字高、精度进行设置，在图形中的标注方法与坐标标注类似。

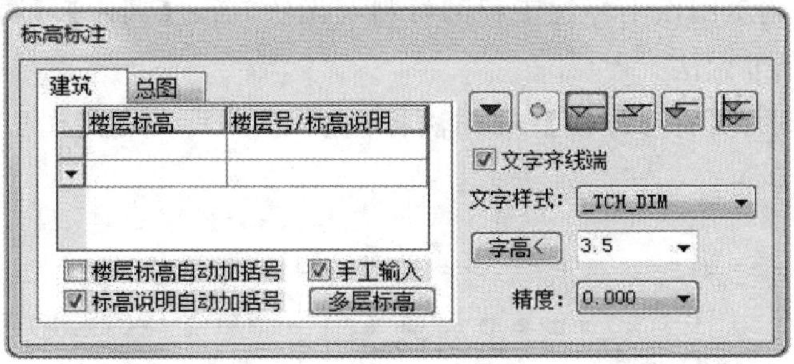

图 8-61 【标高标注】对话框

在图面上标注标高的过程中，第一个点应勾选【手工输入】，并在表格内输入标高；而其后的点，应点掉【手工输入】处小勾，系统将会自动以前一点为参照，取光标所在点的 Y 坐标的增减数来确定光标处标高。

【小贴士】 对话框中“实心三角”图标，除了用于总平面图也用于建筑物沉降点标高标注。

3. 箭头引注

在屏幕菜单中选择【符号标注】→【箭头引注】(JTYZ)。单击【箭头引注】命令后，显示如图 8-62 所示对话框，对话框中输入要注写的文字，设置好箭头大小、样式，文字的大小、样式，以及文字的对齐方式（对齐方式为“在线端”时仅能输入一行文字），按命令行提示取

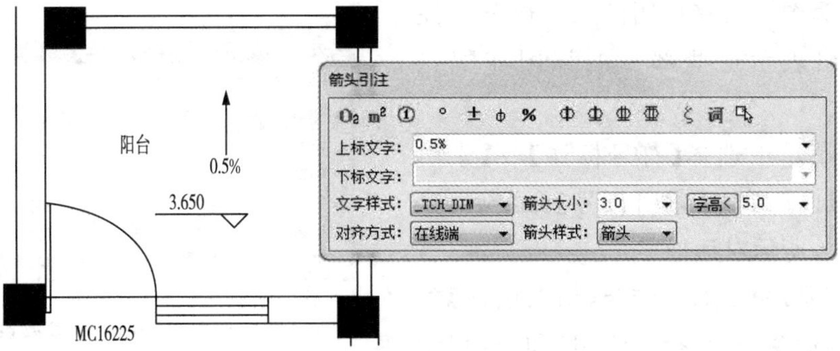

图 8-62 箭头引注

点标注：

箭头起点或[点取图中曲线(P)/点取参考点(R)]＜退出＞：点取箭头起始点；

直段下一点[弧段(A)/回退(U)]＜结束＞：画出引线(直线或弧线)；

……

直段下一点[弧段(A)/回退(U)]＜结束＞：以回车结束。

双击箭头引注中的文字，可进入在位编辑框修改文字。

4. 作法标注

本命令用于在施工图纸上标注工程的材料及做法，通过【词库】可调常用的墙面、地面、楼面、顶棚和屋面标准做法。

在屏幕菜单中选择【符号标注】→【作法标注】(ZFBZ)。单击【作法标注】命令后，显示如图 8－63 所示对话框。

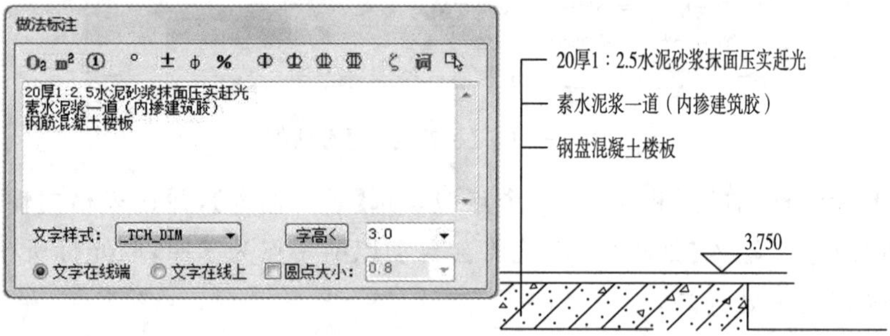

图 8－63　作法标注

在对话框中编辑好标注内容及其形式后，按命令行提示取点标注：

请给出标注第一点＜退出＞：点取标注引线上的第一点；

请给出标注第二点＜退出＞：点取标注引线上的转折点；

请给出文字线方向和长度＜退出＞：拉伸文字基线的末端定点。

5. 索引符号

本命令为图中另有详图的某一部分标注索引号，指出表示这些部分的详图在哪张图上。

在屏幕菜单中选择【符号标注】→【索引符号】(SYFH)。单击【索引符号】命令后，显示如图 8－64 所示对话框。

图 8－64　索引符号参数设置

【索引符号】命令的操作与【箭头引注】类似，区别在本命令分为“指向索引”和“剖切索引”两类。

(1)“指向索引”的命令行提示：

请给出索引节点的位置＜退出＞：点取需索引的部分；
请给出索引节点的范围＜0.0＞：拖动圆上一点，单击定义范围或回车不画出范围；
请给出转折点位置＜退出＞：拖动点取索引引出线的转折点；
请给出文字索引号位置＜退出＞：点取插入索引号圆圈的圆心。

(2)“剖切索引”的命令行提示：

请给出索引节点的位置＜退出＞：点取需索引的部分；
请给出转折点位置＜退出＞：按 F8 打开正交，拖动点取索引引出线的转折点；
请给出文字索引号位置＜退出＞：点取插入索引号圆圈的圆心；
请给出剖视方向＜当前＞：拖动给点定义剖视方向。

6. 图名标注

在屏幕菜单中选择【符号标注】→【图名标注】(TMBZ)。单击【图名标注】命令后，显示如图 8－65 所示对话框。

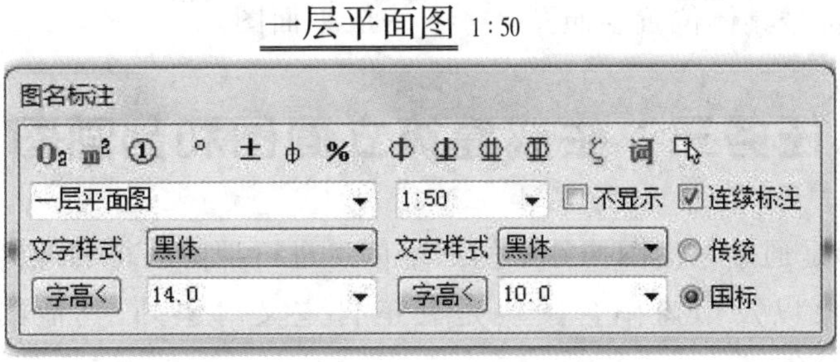

图 8－65 “图名标注”对话框

在对话框中编辑好图名内容和比例，选择合适的样式后，移动鼠标在图形中合适的位置取点标注。

双击图名标注对象进入对话框修改样式设置，双击图名文字或比例文字进入在位编辑修改文字，移动图名标注夹点设在对象中间，可以用捕捉对齐图形中心线获得良好效果。

7. 剖面剖切

断面剖切符号用于定义编号的剖面图，表示剖切断面上的构件以及从该处沿视线方向可见的建筑构件，天正软件在生成剖面中要依赖此符号定义剖面方向。

在屏幕菜单中选择【符号标注】→【剖面剖切】(PMPQ)。单击【剖面剖切】命令后，显示如图 8－66 所示对话框。

对话框中剖切形成方式有：正交剖切、正交转折剖切、非正交转折剖切和断面剖切。

以“正交转折剖切”方式为例，在对话框中编辑好剖切编号、剖面图号，单击【正交转折剖切】按钮，命令行显示：

图 8－66 【剖面剖切】对话框

点取第一个剖切点＜退出＞:给出第一点;

点取第二个剖切点＜退出＞:沿剖线给出第二点;

点取下一个剖切点＜结束＞:沿剖线给出第三点;

点取下一个剖切点＜结束＞:给出结束点;

点取下一个剖切点＜结束＞:回车表示结束;

点取剖视方向＜当前＞:给点指示剖视方向。

标注完成后,拖动不同夹点即可改变剖面符号的位置以及改变剖切方向,双击可以修改剖切编号,剖面符号具体位置参照图 8－46 一层平面图。

任务三 生成建筑立面图和剖面图

天正立面图形是通过平面图构件中的三维信息进行消隐获得的纯粹二维图形,除了符号与尺寸标注对象以及门窗阳台图块是天正自定义对象外,其他图形构成元素都是 AutoCAD 的基本对象。

一、工程管理

天正软件的立面生成是由【工程管理】功能实现的。

首先确定好已经绘制好的各个楼层的平面图,包括屋顶层平面图,并确定其共同存在于一个文件夹下,然后在视图中分别打开各个楼层平面图。

确定是否每个平面图都有共同的对齐点,各个平面图如果不对正,在生成立面图之后各个楼层将错位。建议采用【移动】命令,将各个平面图开间与进深方向的第一轴线交点移动到坐标(0,0)。

在屏幕菜单中选择【文件布图】→【工程管理】(GCGL)。单击【工程管理】命令后,在视图中将弹出工程管理面板,如图 8－67 所示,选择新建工程命令,将弹出【另存为】对话框,在该对话框中设置文件名称

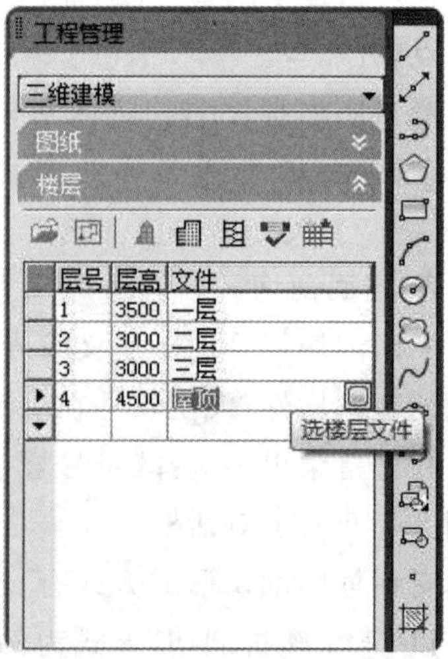

图 8－67 【工程管理】面板

并将其保存在当前图纸的文件夹下，回到楼层表面板，对工程的层号、层高进行设置，以链接形式打开文件。

二、建筑立面

(一)生成立面图

在屏幕菜单中选择【立面】→【建筑立面】(JZLM)。单击【建筑立面】命令后，命令行提示：

请输入立面方向或[正立面(F)/背立面(B)/左立面(L)/右立面(R)]<退出>：输入 R（右立面）。

然后根据命令行提示在视图中选择轴线作为立面图的基线，按回车键在视图中弹出【立面生成设置】对话框，设置内外高差值为：0.3，如图 8－68 所示。

完成设置后单击【生成立面】按钮，在视图中将弹出【保存】对话框，选择保存路径并输入文件名，然后单击【保存】按钮，系统将自动生成建筑立面图，如图 8－69 所示。

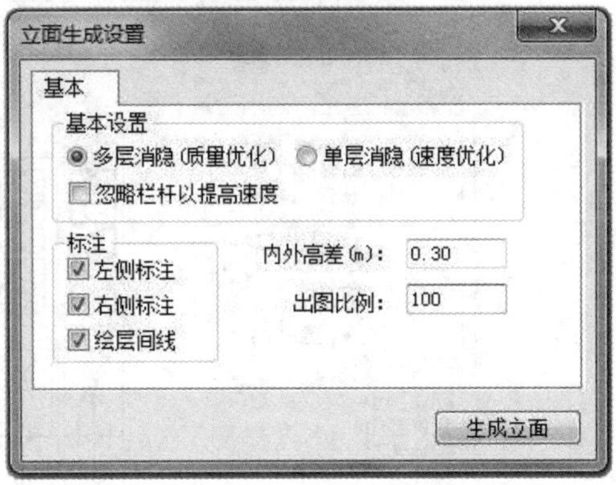

图 8－68　【立面生成设置】对话框

图 8－69　建筑立面图

(二)加深立面图

天正建筑在生成立面和剖面的过程中采用的是整体消隐算法,生成的立面图除了有少量的错误需要纠正外,内容也不够完善,包括添加门窗套,替换阳台的样式,墙身修饰、一层加墙身勒脚等工作。

1. 立面门窗

使用【立面门窗】命令可以替换、添加立面图上的门窗,同时也是立剖面图的门窗图块管理工具,可处理带装饰门窗套的立面门窗,并提供了与之配套的立面门窗图库。选择【立面】→【立面门窗】命令后,在视图中弹出如图 8-70 所示的【天正图库管理系统】对话框。

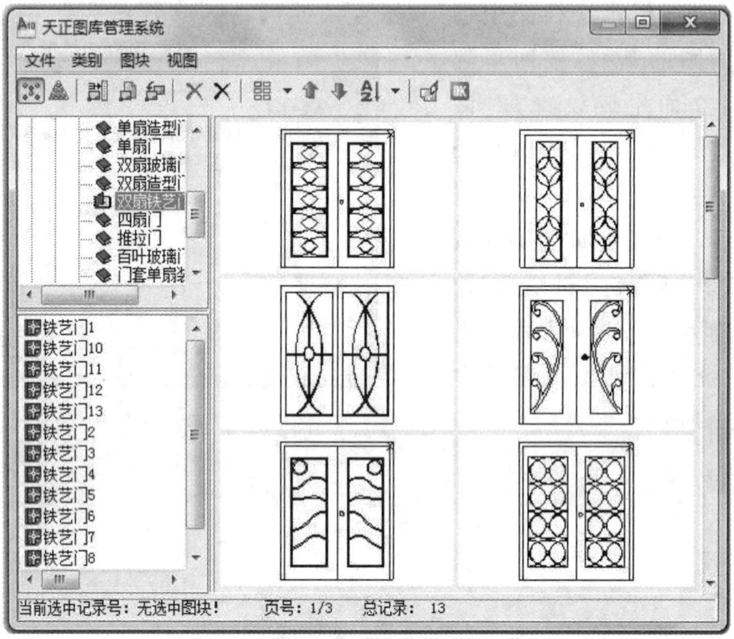

图 8-70 门窗图库

在图库中选择需要插入的门窗样式,然后单击对话框中的替换图标按钮,命令行提示:选择对象,然后在视图中选择需要插入的门窗,可以连续单击需要替换的门窗,选择后的门窗将以虚线显示,选择的结果如图 8-71 所示。

按回车键完成门窗的选择,程序自动识别图块中由插入点和右上角定位点对应的范围,以对应的洞口方框等尺寸替换为指定的门窗图块。

2. 立面阳台

该工具的作用完全类似于【立面门窗】的作用,用于替换、添加立面图上阳台的样式,同时也是对立面阳台图块的管理工具。选择【立面】→【立面阳台】命令后,可以在视图中弹出【天正图库管理系统】对话框,在该图库中包含了多种阳台样式供用户选择,如图 8-72所示。

图 8－71　选择门窗

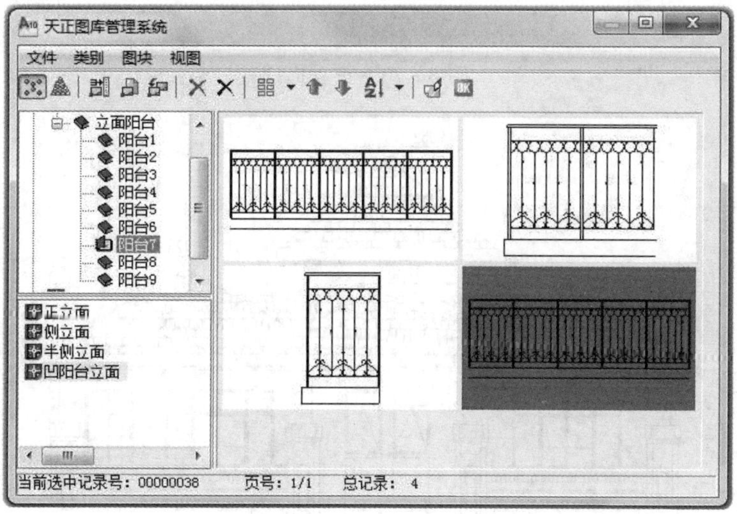

图 8－72　阳台图库

3. 雨水管线

使用该工具可以在立面图中按给定的位置生成竖直向下的雨水管，该工具无对话框，只是通过命令行的提示来设置雨水管的半径值，通过在视图中单击的位置来确定雨水管的长度。

选择【立面】→【雨水管线】命令后，命令行提示：请指定雨水管的起点：P 一参考点/<起点>，在视图中捕捉两点作为雨水管的起点和落地点，接着命令行提示：请指定雨水管的管径，可以直接在命令行输入雨水管的半径也可以通过在视图中捕捉两点之间的距离作为管径，这样即可在视图中插入雨水管。

图 8－73　正立面图

图 8－74　背立面图

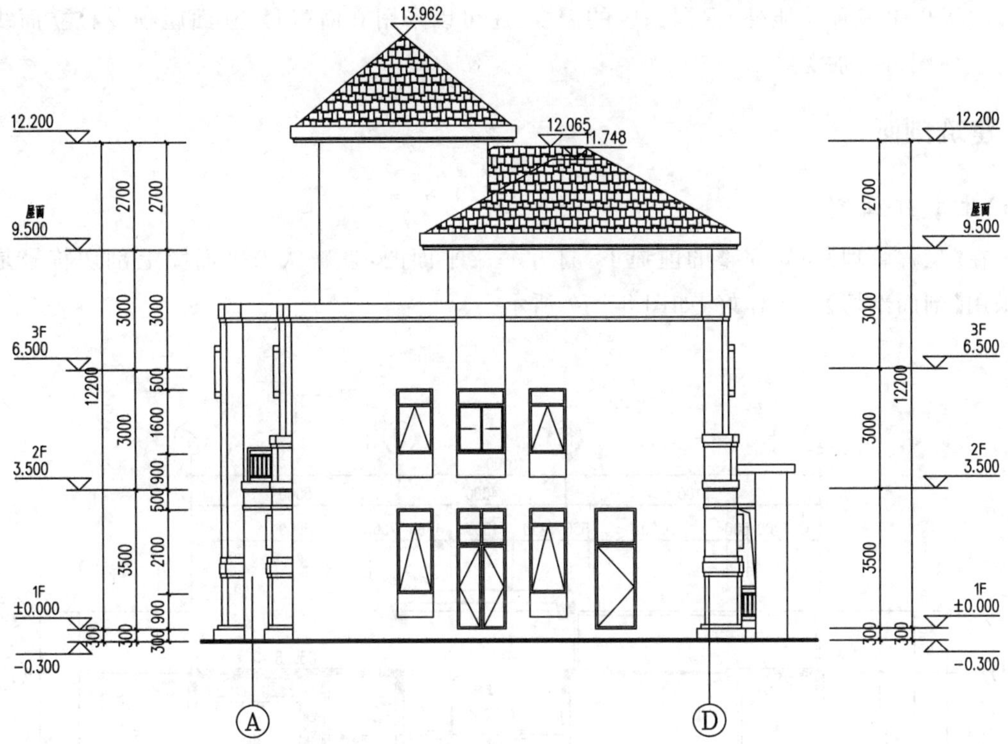

图 8－75　右立面图

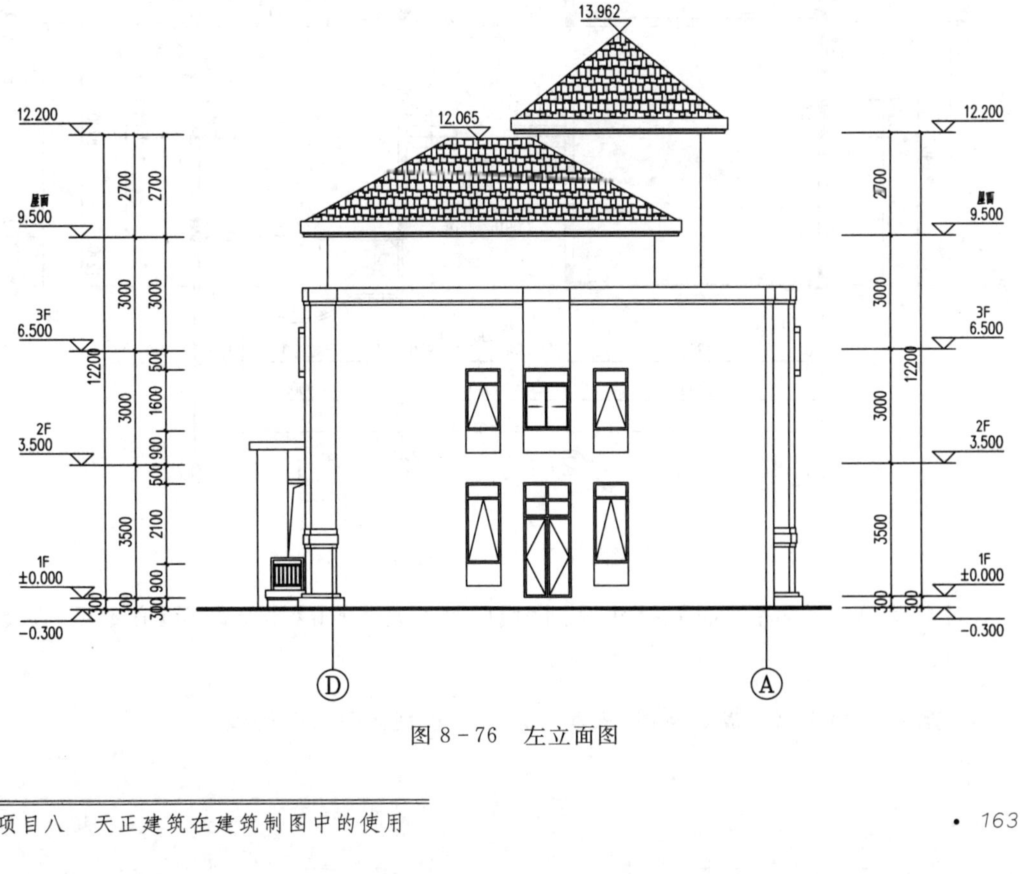

图 8－76　左立面图

除了以上三种功能外，根据深度的需要，还可以采用立面窗套、立面屋顶及柱立面线功能对立面图进行加深。

三、建筑剖面

（一）生成立面图

在【工程管理】设置完整的前提下，打开一层平面图，且确认该平面图上剖切符号是否已采用【剖面剖切】命令作好，如图 8－77 所示。

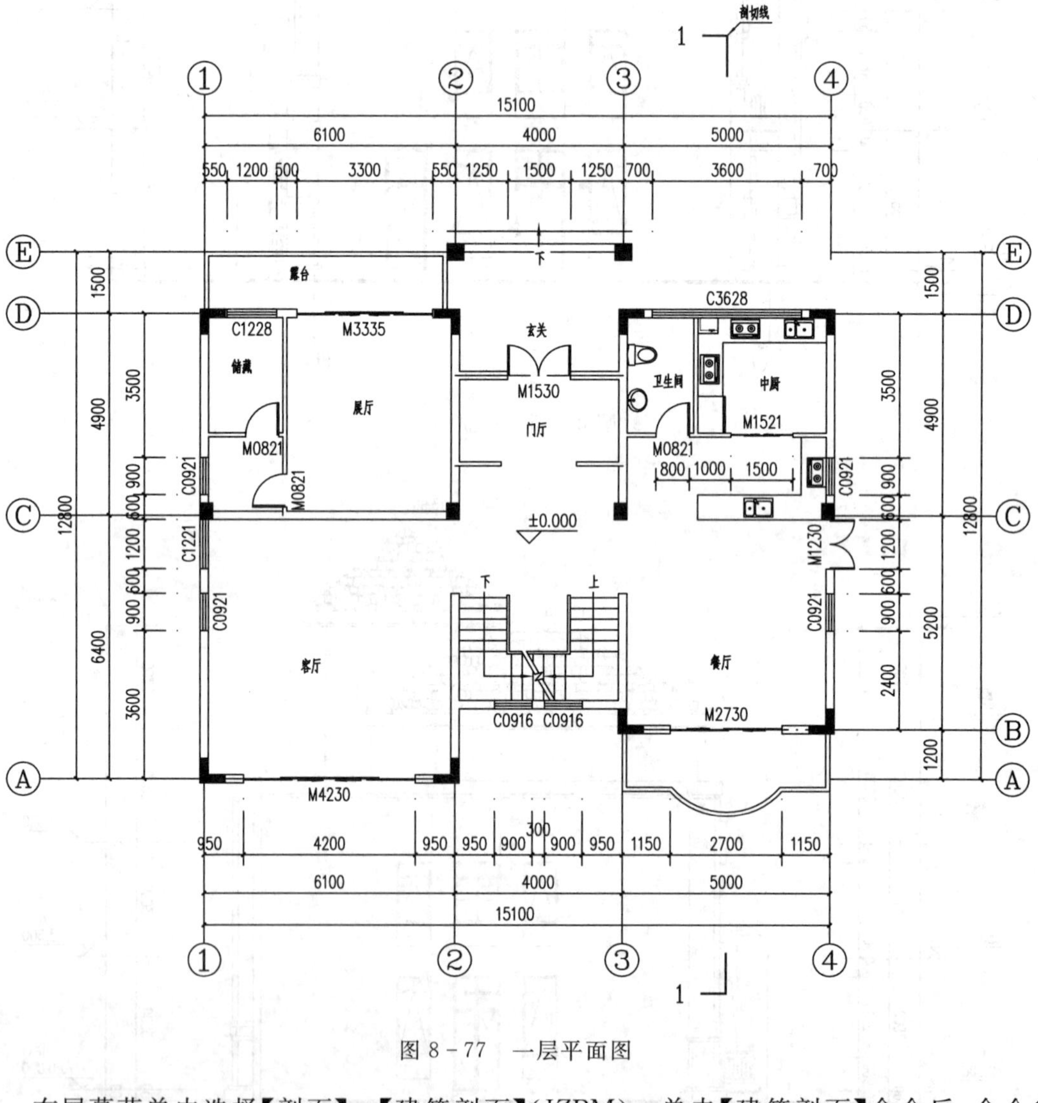

图 8－77　一层平面图

在屏幕菜单中选择【剖面】→【建筑剖面】(JZPM)。单击【建筑剖面】命令后，命令行提示：

请点取一剖切线以生成剖视图：点取首层需生成剖面图的剖切线；

请选择要出现在立面图上的轴线：在视图中选择轴线作为剖面图的基线，一般点取首末轴线。

按回车键在视图中弹出【剖面生成设置】对话框，设置内外高差值为：0.3，为了清晰地显示标注设置，禁用【右侧标注】，如图 8-78 所示。

完成设置后单击【生成剖面】按钮，在视图中将弹出【保存】对话框，选择保存路径并输入文件名，然后单击【保存】按钮，系统将自动生成建筑剖面图，如图 8-79 所示。

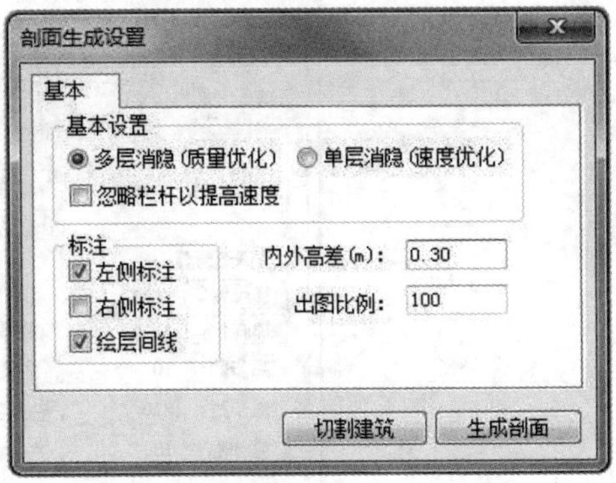

图 8-78　剖面生成参数设置

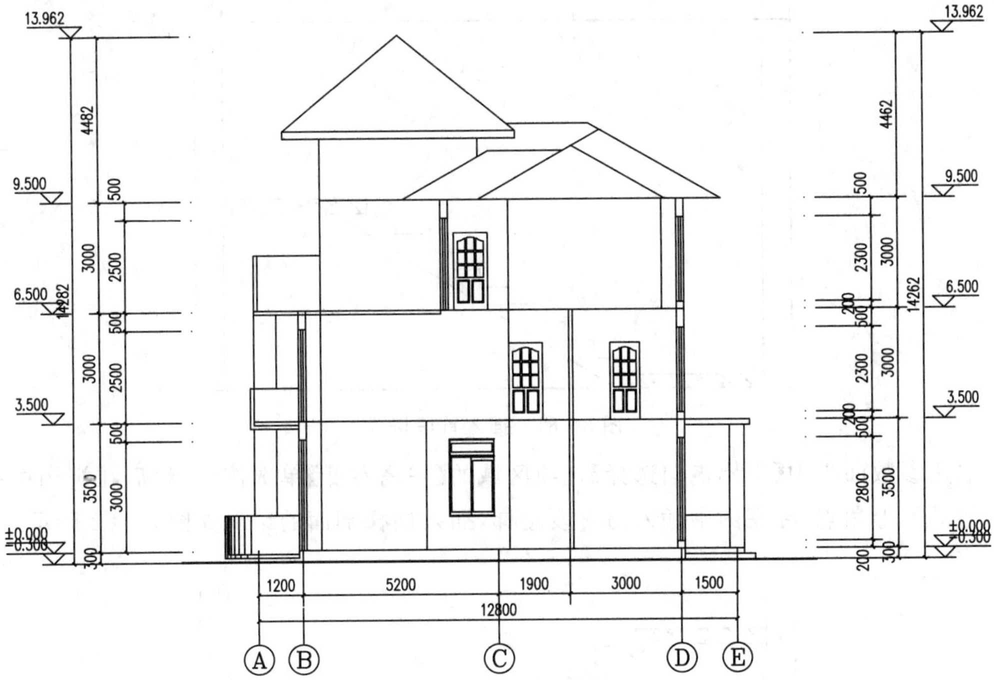

图 8-79　建筑剖面图

(二)加深剖面图

1. 参数楼梯

使用该工具可以在视图中插入单段或者整段楼梯剖面，插入的方式以在视图中捕捉的点为基准，【剖面】→【参数楼梯】(CSLT)。单击【参数楼梯】命令后，视图将弹出【剖面直楼梯段参数】面板，如图 8-80 所示。

在剖面直楼梯段参数设置面板中完成设置后单击【确定】按钮，然后按照命令行提示，在视图中插入单段楼梯，楼梯的高度应是整个楼层高度的一半，如图 8-81 所示。

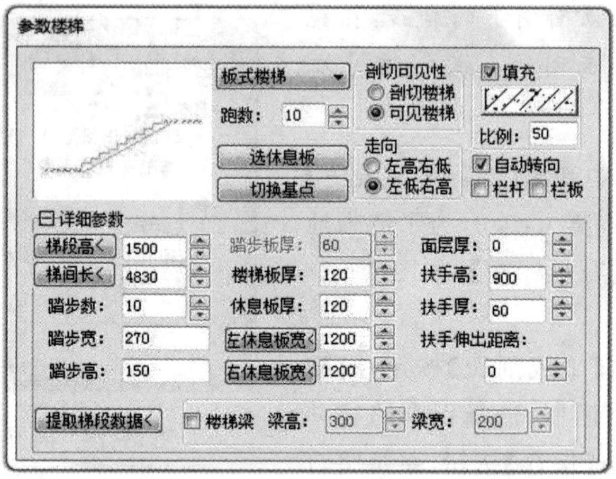

图 8－80 “剖面直楼梯段参数”对话框

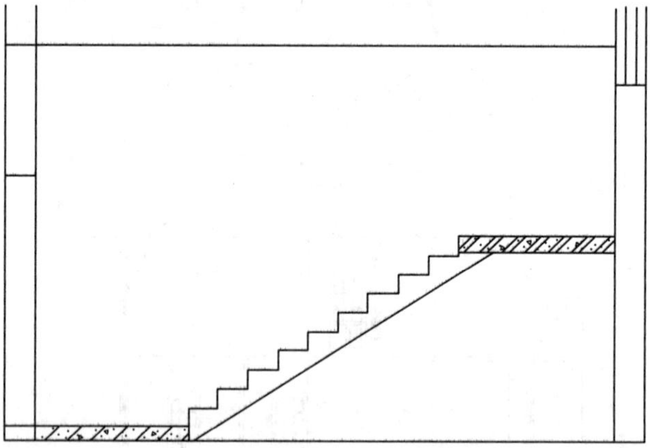

图 8－81 插入首段楼梯

启用参数面板中【楼梯走向选择】选项区域的【左高右低】单选按钮，然后在视图中捕捉该楼层的左上角点，在视图中插入另一段楼梯，插入楼梯剖面的结果如图 8－82 所示。

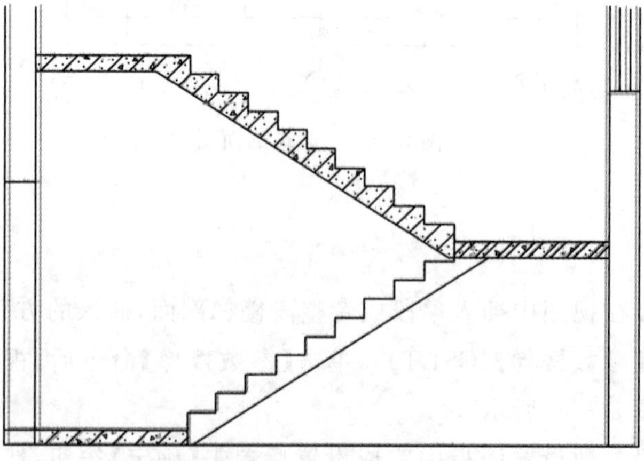

图 8－82 插入次段楼梯

2. 参数栏杆

栏杆参数必须与插入的楼梯参数相相匹配,【剖面】→【参数栏杆】(CSLG)。单击【参数栏杆】命令后,视图中将弹出如图 8－83 所示的【剖面楼梯栏杆参数】对话框。

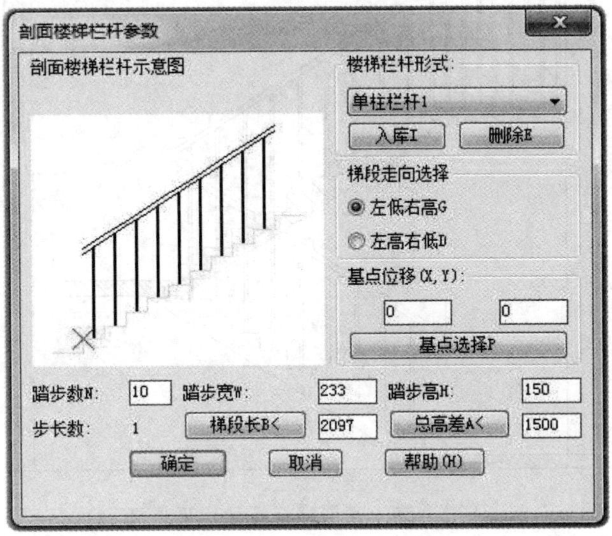

图 8－83　楼梯栏杆参数设置

完成设置后,在视图中捕捉楼梯上的点,可以插入一段栏杆,然后调整楼梯走向再次插入栏杆,图 8－84 所示的是插入参数栏杆后的效果。

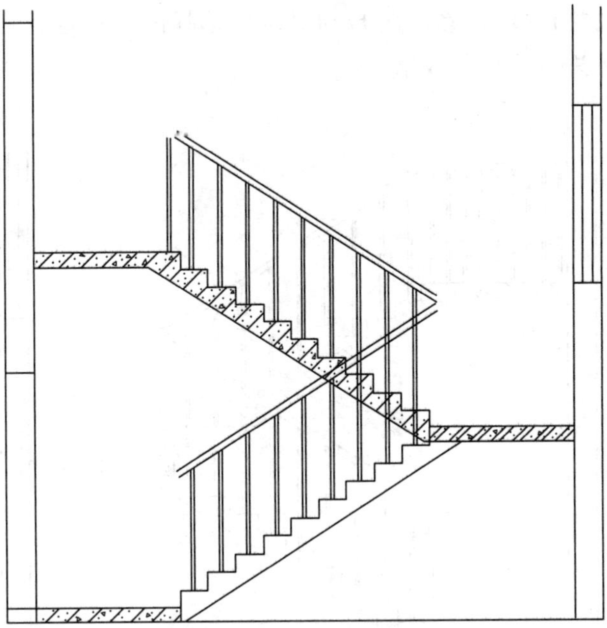

图 8－84　插入参数栏杆

使用参数栏杆工具不仅可以插入匹配楼梯的栏杆，通过将总高差设置为 0 值，也可以得到水平栏杆，如图 8－85 所示，为在顶层楼梯添加水平栏杆的效果。

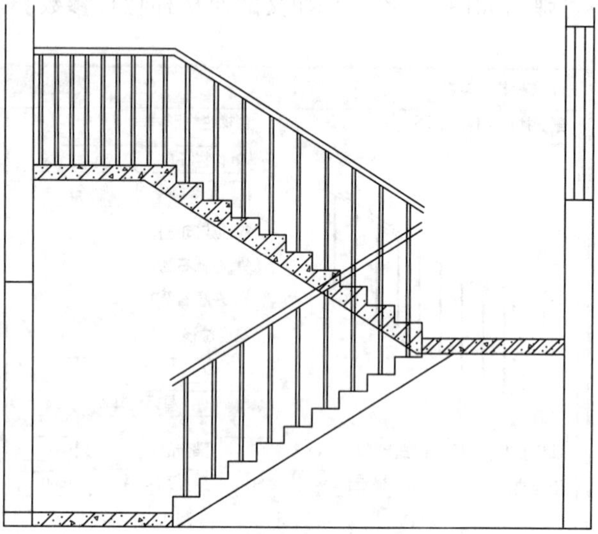

图 8－85　顶层楼梯添加水平栏杆

3. 扶手接头

对楼梯扶手的接头位置作倒角与水平连接处理，【剖面】→【扶手接头】，单击【扶手接头】命令后，命令行提提示：请输入扶手伸出距离<100>：100；请选择是否增加栏杆[增加栏杆（Y）/不增加栏杆（N）]<增加栏杆（Y）>：Y；请指定两点来确定需要连接的一对扶手：框选需要增加扶手的栏杆接头，系统将自动对两段选择的栏杆进行连接处理，如图 8－86 所示的是对两段楼体进行连接的效果。

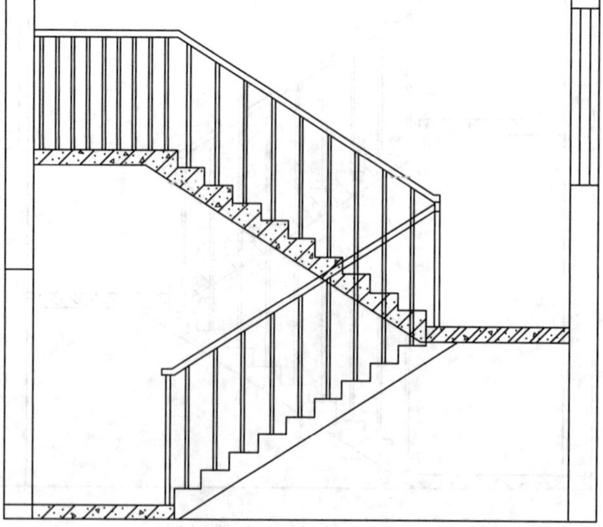

图 8－86　扶手接头

除了对楼梯栏杆的处理外，根据效果的需要，还可以采用剖面面墙、双线楼梯，预制楼梯、剖面门窗及门窗过梁等功能对剖面图进行加深，加深后的效果图，如图 8-87 所示。

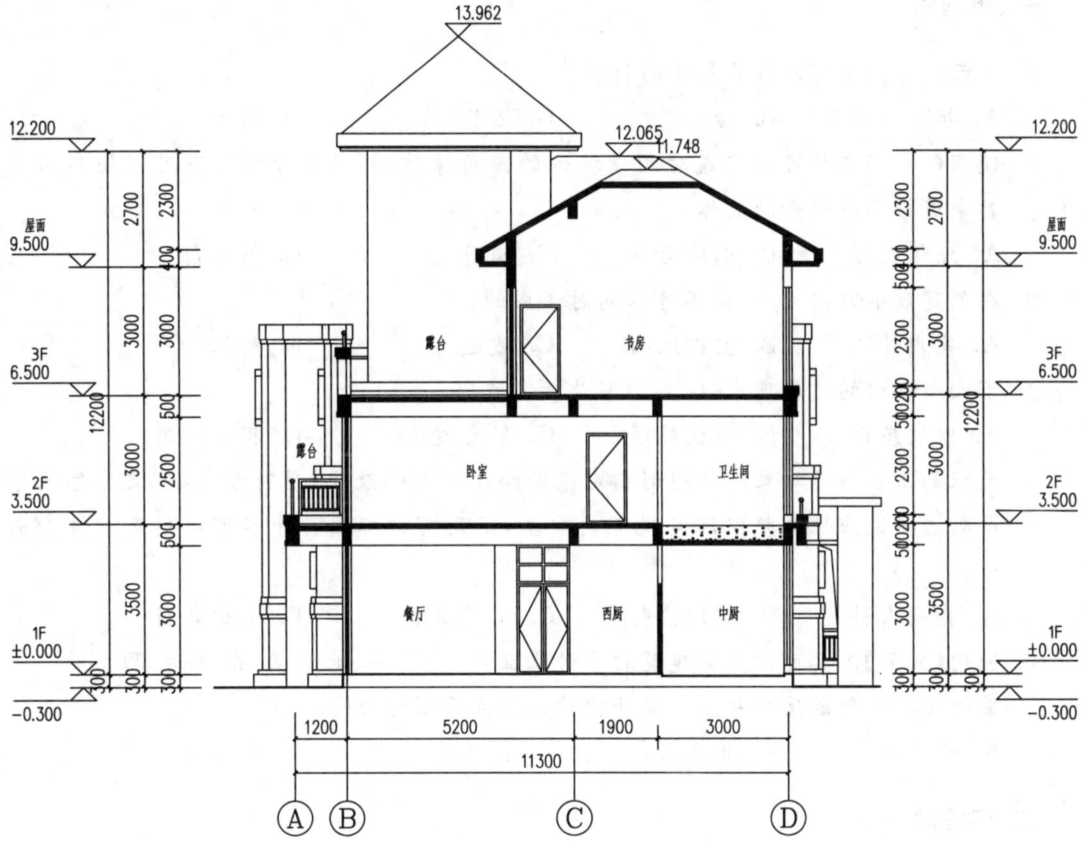

图 8-87　1—1 剖面图

本项目小结

本项目内容是天正建筑软件在建筑制图中的基础应用知识。首先介绍了天正建筑软件的基础知识与基本操作，然后介绍了天正建筑软件在建筑制图中的应用，包括：使用天正建筑绘制建筑图形的轴网和柱子；创建建筑墙体和门窗；在建筑模型中插入楼梯和阳台的方法；使用天正建筑创建房屋屋顶；使用尺寸标注、文字及符号工具；最后介绍了使用【工程管理】工具快速生成建筑立面图和剖面图的操作过程。

本项目重点强调了天正建筑软件的实际应用，以建筑图的制图流程为主线，通过相关的小实例帮助读者迅速掌握软件操作知识，但所介绍的方法都相对简单，读者应该在后期的学习中多练习如何方便有效地完成各类构件绘制，以达到我们需要的结果。

同步测试

一、单选题

1. 下面(　　)不可以作为柱子的材料。

A. 钢筋混凝土　B. 砖　C. 石头　D. 黄土

2. 使用(　　)工具可以完成对两段墙体的圆角操作,并且部分情况下可以使用该工具来连接两段断开的墙体。

A. 墙体造型　B. 倒墙角　C. 圆角　D. 修墙角

3. 在创建散水时,(　　)是不可以同时生成的。

A. 室内外高差　B. 室内地面　C. 坡道　D. 标注

4. 下面所列出的坡屋顶中,(　　)不是标准坡顶。

A. 双坡屋顶　B. 四坡屋顶　C. 任意坡顶　D. 攒尖屋顶

5. 天正的工程符号对象可随图形指定范围绘图比例的改变,对符号大小、文字字高等参数进行适应性调整以满足规范的要求,下列哪种标注符号不可以用来标注索引号(　　)。

A. 指向索引　B. 剖切索引　C. 索引图名　D. 引出索引

6. 使用【立面】工具可以生成建筑的多种立面,如南立面、北立面、东立面、西立面。通常把主要入口或反映房屋主要外貌特征的立面图称为(　　)。

A. 南立面　B. 北立面　C. 东立面　D. 西立面

二、问答题

1. 创建异形柱时,必须先做的工作是什么?
2. 生成墙体的方法有几种?并简单介绍其使用方法。
3. 简述阳台的创建过程。
4. 简述奇数分隔和偶数分隔的区别。
5. 列举5个天正提供的符号标注工具,并简单说明其作用。
6. 立面编辑的工具有哪几种?其作用分别是什么?

参考文献

[1] 刘耀芳,张阿玲. 建筑CAD应用教程. 大连:大连理工大学出版社,2011.

[2] 郭慧. AutoCAD建筑制图教程. 北京:北京大学出版社,2013.

[3] 敖仕恒,邹宇航,杨剑飞. AutoCAD 2006中文版建筑设计实例精讲. 北京:人民邮电出版社,2006.

[4] 邵谦谦,黄才广,朱敬,等. AutoCAD 2006中文版建筑制图应用教程. 北京:电子工业出版社,2005.

[5] 吕大为. 建筑工程CAD. 北京:中国电力出版社,2007.

附录1 AutoCAD常用命令快捷键

一、常用命令快捷键

直线	L	点	PO	多段线	PL
正多边形	POL	矩形	REC	圆	C
圆弧	A	椭圆	EL	多行文本	T
单行文本	DT	块定义	B	插入块	I
等分	DIV	填充	H	样条曲线	SPL
复制	CO	镜像	MI	阵列	AR
偏移	O	旋转	RO	移动	M
删除	E	分解	X	修剪	TR
延伸	EX	拉伸	S	比例缩放	SC
修改文本	ED	平移	P	线性标注	DLI
对齐标注	DAL	半径标注	DRA	直径标注	DDI
角度标注	DAN	基线标注	DBA	连续标注	DCO
标注样式	D	编辑标注	DED	点标注	DOR
属性定义	ATT	编辑属性	ATE	线形比例	LTS
线宽	LW	文字样式	ST	打印	PRINT
重新生成	R	重命名	REN	设置捕捉模式	OS
设置极轴追踪	DS	显示全图	Z+E	实时缩放	Z+空格
倒角	CHA	倒圆角	F	局部放大	Z
打断	BR	直线拉长	LEN	多段线编辑	PE

二、常用功能快键键

帮助	F1	文本窗口	F2	对象捕捉	F3
栅格	F7	正交	F8	极轴	F10

附录2 训练工程图

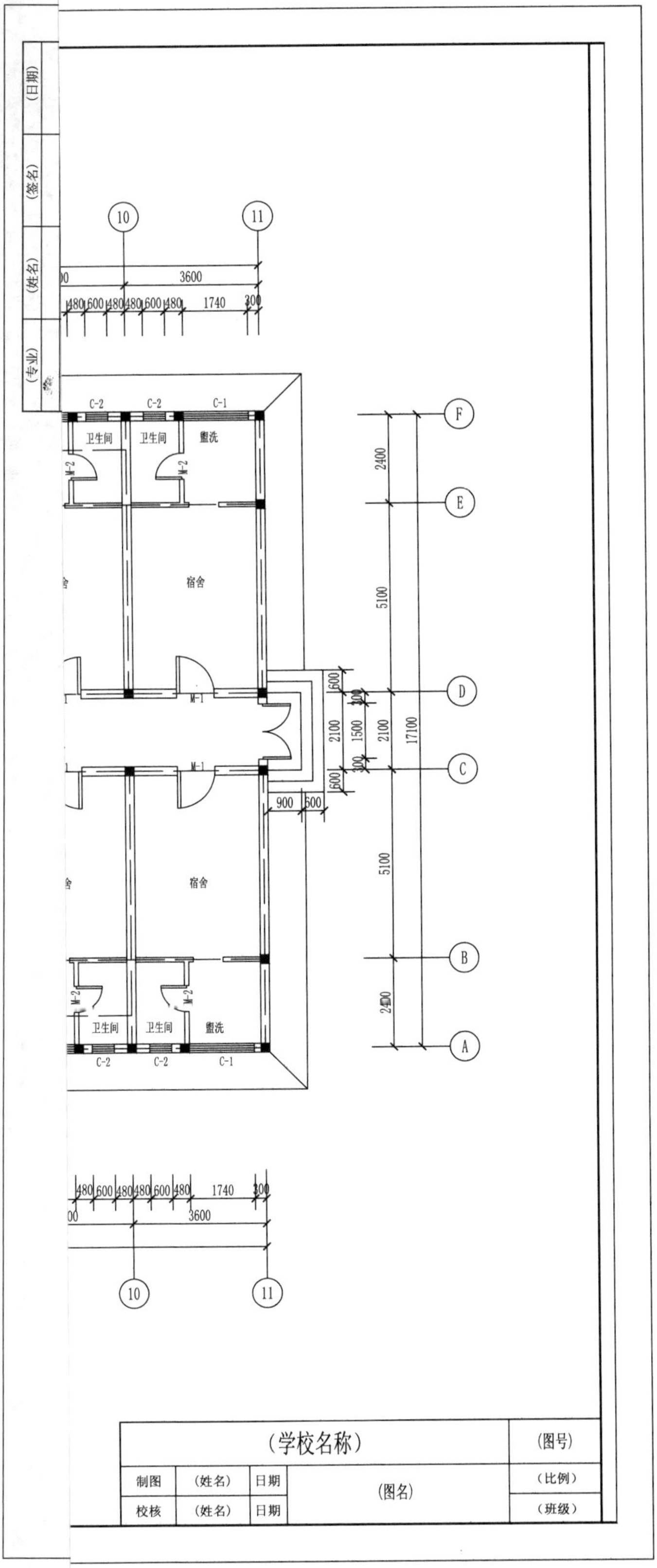

(日期)
(签名)
(姓名)
(专业)
10
11
3600
480
600
1740
300
C-2
C-1
卫生间
盥洗
M-2
宿舍
M-1
F
E
D
C
B
A
2400
5100
2100
1500
17100
900
(学校名称)
(图号)
制图
(姓名)
日期
(图名)
(比例)
校核
(班级)

北新書局

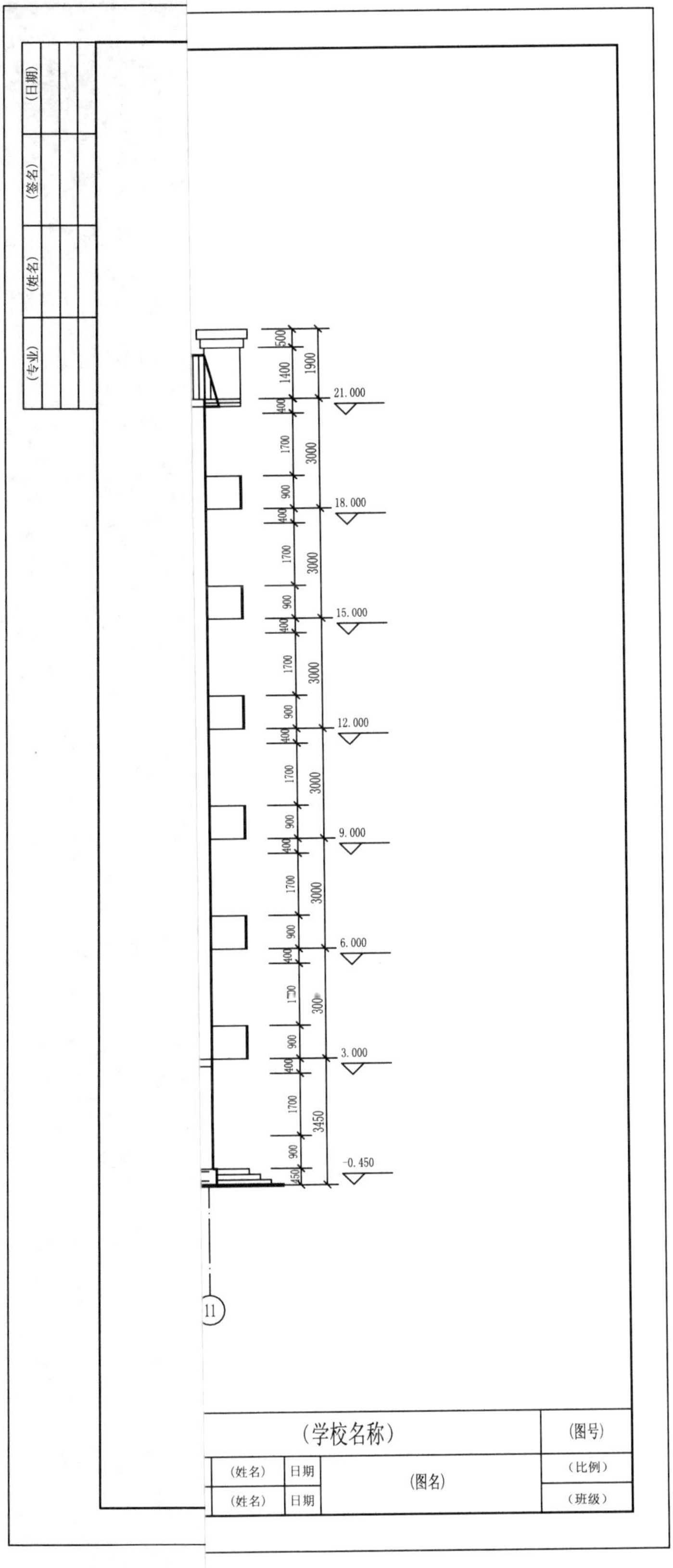

(专业)
(姓名)
(签名)
(日期)
21.000
18.000
15.000
12.000
9.000
6.000
3.000
-0.450
500
1400
1900
400
1700
3000
900
3450
450
11
(学校名称)
(图号)
(姓名)
日期
(图名)
(比例)
(班级)